はじめに

この本では，生命科学の研究に欠かすことのできない技術のひとつであるPCR——Polymerase Chain Reaction, ポリメラーゼ連鎖反応——について，できる限り優しく，かつ重箱の隅をつつくように細かく，記そうと思う。生命科学に関係する技術は急速に発展しており，ここ数年は特にCRISPR/Cas9を用いたゲノム編集がブームである。そのような技術に比べるとPCRは長老のような技術ではあるが，長老であるがゆえに最新技術を用いるときにも必要とされることが非常に多い。また現在に至るまで生命科学の発展を支え続けている重要な技術のひとつであるから，PCRを理解することは意味のあることである。

導入として，PCRが生命科学に多い訳の分からない略語のひとつだと思われて敬遠されないために，簡単にPCRについて説明したいと思う。PCRは生体外 (*in vitro*) で行うクローニング (cloning) 技術のひとつである。クローニングと聞くとクローン (clone) ヒツジの「ドリー[*1]」を思い浮かべるかもしれないが，PCRについてもニュアンスはドリー同様「同じものを増やす」である。PCRで増やすものはヒツジではなく，(基本的には) ある特定の塩基配列のDNA——DeoxyriboNucleic Acid, デオキシリボ核酸——である。DNAはアデニン (A)・グアニン (G)・シトシン (C)・チミン (T) という四つの塩基のいずれかひとつと，デオキシリボースという糖と，リン酸とが結合したデオキシリボヌクレオチド (図1) が，特定の配列で重合した，遺伝情報の保存・伝播を担う物質である。例えば，

5′-CGGTCTTAGTTTCGCTGGTTGAGCCATTGGGTGTTCGCAATGTCCACATGAGTTGAAGA
AGAGGCTACCACCCCTCGGTCACGGCTTCTTCAGCATCTCCATGGACAGGGCACCTCGAGC
ATGGCCTCGGTTTCCGATCCCGACTCCGATGGTTGCGCGGCATTTTCTCCTTGTTTCGTAA
ACACGATCACTTGACGGAGCGAAATCGCGCCGTCATGGGAGATTGGCCACGTCGGCTTGAG
GCCACGGAGCATGTCTTGCCCTACGACATACTTCCCTCACCACCATCTACCAGATCTCCAG
CCATCAAGGTCTTGCTCCTGGACACCACGACCACGACAGTCGAGGCCGAGACTACCGAGAT
AATATCAGAATGATCAGAGCCGCGCTTTGCTATCTTGCCGATAAACAGCCGTTCTAACCTA
AAACTTGCGACCAGGTGATTCCAAGAAGGGTGCCAACCTCTTCAAGACCCGTTGCGCT-3′

という塩基配列[*2]を持つDNAの，下線で示した部分の配列だけを持つDNAを特異的に

[*1] 私はドリーと同学年なので，一方的に親しみを感じている。

[*2] アカパンカビ (*Neurospora crassa*) のシトクロームC遺伝子 *cyc-1* の一部である。なおDNAには5′末端と3′末端があり，方向性があるためそれも示してある。このDNAの方向性につ

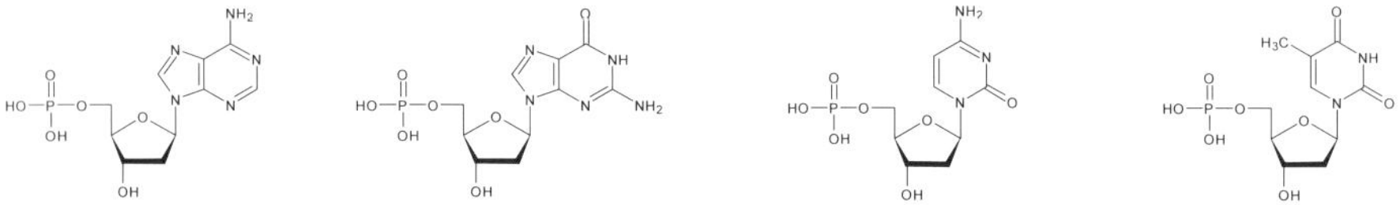

アデニン (A)　グアニン (G)　シトシン (C)　チミン (T)

図 1　DNA を構成するヌクレオチド

増幅したいといったときに PCR を使う。すなわち PCR を優しく言えば「試験管の中で欲しい配列だけを持つ DNA を大量に得る技術」である。なお，およそ 8000 塩基対までは PCR でクローニングすることが可能で，それ以上の長さの DNA の場合はプラスミド，λ ファージ，人工染色体などのベクター[*3]を用いて生体内 (*in vivo*) でクローニングする[*4]。これら PCR 以外のクローニングについてはこの本では割愛する。

このような，目的の配列の DNA 断片だけを特異的に増幅する技術である PCR について，この本では記していこうと思う。より PCR に興味を持ってもらうために，まず PCR の歴史と用途について記した後で，具体的な PCR の手順について図を交えながら記す。また第 2 版の発行にあたり，PCR の応用例である「SARS-CoV-2 [*5]の PCR 検査」の具体的な手順と，その技術的な限界である偽陽性・偽陰性の問題について PCR の原理の側面から記す。それでは，生命科学の発展を支え続ける PCR の世界の扉を開いてみよう。

1　PCR の歴史と用途

いきなり PCR の原理や操作について話を始めても良いのだが，まずは PCR に興味を持ってほしいと私は思う。そこでこの節では，PCR の歴史・バリエーションとその用途

いては後に記す。

[*3] 目的の配列の DNA を細胞内に導入する「運び屋」の DNA である。目的の配列の DNA を結合するための制限酵素の認識配列，細胞内で複製されるための複製起点，ベクターの入った細胞を選別するための選択マーカー遺伝子，などを持つ。

[*4] 広義のクローニングは本文に記した通りであるが，狭義のクローニングはベクターに目的の配列の DNA ――普通は目的の遺伝子をコードした DNA――を組込み，細胞に導入して増殖させた後，増殖した細胞をベクターの持つ選択マーカー遺伝子の有無で選別することで，目的配列の DNA を持つ細胞を得ることを言う。すなわち狭義のクローニングはすべて *in vivo* であって，*in vitro* である PCR は含まれない。またこれら狭義のクローニングの方が PCR に比べて，目的の配列の DNA の増幅速度や増幅できる配列の長さ，単離のしやすさ，正確さといった点で優れている。

[*5] SARS-CoV-2 についてはひとまず『新型コロナウイルス COVID-19 のすべて (http://ankokudan.org/d/dl/pdf/pdf-corona.pdf)』を参照してほしい。

について記す。実験だけをするのであればあまり気にしないであろう内容について記すことになるが，しばしお付き合いいただきたい。

1.1 PCR の歴史

PCR の歴史についてこの小節では記していくが，PCR の歴史のみを記したのでは面白みがないので，PCR で増幅する DNA，もとい遺伝学に関する歴史も含めて，記していきたいと思う（表 1）。

親から子へ伝わる何かがある。その法則は Mendel がエンドウ (*Pisum sativum*) を用いて 1866 年に見出した[*6]。Mendel の法則と呼ばれるこの法則は，分離の法則，独立の法則，顕性の法則という三つの法則からなる。これらの法則は遺伝学の根幹を成すものであるため，Mendel は「遺伝学の父」と呼ばれる。

この「親から子へと伝わるもの」は遺伝子と呼ばれるようになったが，しばらくその正体は不明だった。正体は不明だったが，その性質について，遺伝子の異常が形質に現れた変異体を用いることで遺伝子の性質について研究は進められた。具体的には，ショウジョウバエ (*Drosophila melanogaster*) を用いた Morgan の遺伝子地図の作成や，アカパンカビ (*Neurospora crassa*) を用いた Beadle と Tatum の一遺伝子一酵素説といった研究を挙げることができる。もちろん遺伝子の正体についても研究が行われた。1920 年代頃には遺伝子が DNA とタンパク質からなる染色体上にあるらしいと明らかになり，遺伝子の正体が DNA とタンパク質のどちらなのか論争が起きた。この論争に終止符を打ったのが，1952 年の Harshey と Chase である。Harshey と Chase は，T2 ファージと大腸菌 (*Escherichia coli*) とミキサー[*7]を用いた有名な実験を行った。この実験によって DNA が遺伝子として親から子へと伝わっていると完全に証明された。

翌年の 1953 年には，Watson[*8]と Crick が DNA の二重らせん構造を提唱した。また DNA の構造を基に彼らは DNA が半保存的複製をすると提唱した。これは 1958 年に Meselson と Stahl の「生物学で最も美しい実験」によって証明された。この実験は，大腸菌が DNA を複製する前後で異なる窒素の同位体を与えることで，複製前から存在した DNA と複製によって生じた DNA をその質量で区別するというものである。DNA の

[*6] 年表から読み取れると思うが，Mendel は遺伝子 (gene) という言葉を使っていない。Mendel は遺伝因子 (Merkmarl) と呼んでいた。

[*7] 当時発売されたばかりの家庭用ミキサーが使われたそうである。

[*8] 自称「Einstein の次に有名な科学者」である。彼のゲノムは 2008 年に解読され，公開されている。なお典型的な「ノーベル賞受賞後に闇落ちした科学者」であるから、彼の発言は一歩引いて検討した方が良い。

表1　PCR 関連年表

年	出来事
1866	Mendel による Mendel の法則の発見
1869	Mischer が DNA を発見
1900	Vries, Correns, Tschermak ら 3 人が Mendel の法則を再発見
1909	Johannsen が Mendel の法則で遺伝形質を決めるものを遺伝子 (gene) と命名
1911	Morgan がショウジョウバエの遺伝子地図の作成を開始
1928	Griffith の観察。肺炎球菌を形質転換する謎の物質が存在すると明らかに
1941	Beadle と Tatum が一遺伝子一酵素説を提唱
1944	Avery, MacLeod, MacCarty ら 3 人が DNA が遺伝物質として働くと証明
1947	Chargaff の解析。DNA 中の塩基の量比は A=T, G=C
1952	Harshey と Chase の実験。遺伝子が DNA であると完全に証明
1953	Flanklin と Wilkins の DNA の X 線回折。規則的ならせん構造が明らかに
	Watson と Crick がたった 2 ページの論文で DNA の二重らせん構造を提唱
1956	Kornberg が DNA ポリメラーゼを発見
1957	Crick がセントラルドグマを提唱
1958	Meselson と Stahl の「生物学で最も美しい実験」で半保存的複製が証明
1959	Khorana がオリゴヌクレオチドの合成に成功
1961	Jacob と Monod がオペロン説を提唱
1966	Nirenberg らによって遺伝暗号の解読が完了
	岡崎が岡崎フラグメントを発見
1967	Weiss と Richardson が DNA リガーゼを発見
1968	Arber，Smith が制限酵素を発見
1969	Brock と Freeze が *Taq* ポリメラーゼを単離
1970	Temin ら，Baltimore が逆転写酵素を発見
1971	Khorana らが *in vitro* でプライマーと DNA ポリメラーゼを用いて DNA を合成
1983?	Mullis が Khorana らの操作を繰り返せば特異的に DNA を増幅できるとひらめく
	Mullis がひらめいた特異的な DNA の増幅について論文を書くが掲載されず
1985	Mullis と同僚の Saiki らが PCR を応用した最初の論文を発表
1987	Mullis の PCR についての論文がようやく発表される
	Mullis らが PCR に *Taq* ポリメラーゼを用いる方法を開発
	Weier と Gray がサーマルサイクラーを開発

質量は密度勾配遠心法によって区別された。これによってDNAが鋳型鎖を基に正確に合成されること，すなわち半保存的複製をすることが明らかになった。加えて1957年にはCrickがDNAが遺伝子としてどのように働くのかということについてセントラルドグマ（中心教義）を提唱した。セントラルドグマとは，遺伝情報がDNAからmRNA，mRNAからタンパク質，という一方向の流れで発現するという説である[*9]。DNAやmRNAといった核酸の塩基配列から，タンパク質のアミノ酸配列への翻訳の規則は遺伝暗号と呼ばれる。この遺伝暗号はNirenbergらによって1966年に解読された。

このようにDNAを中心に遺伝学が発展していったのと時を同じくして，後のPCRの開発につながる発見や技術開発がなされた。様々な発見や技術開発があっただろうが，PCRに直接関わるものはDNAポリメラーゼの発見とオリゴヌクレオチドの合成の成功である。

DNAポリメラーゼは細胞内でDNAの複製を行う酵素である。1956年に大腸菌からKorenbergが発見した。また1969年には，BlockとFreezeがPCRの発展に大きく寄与することになるDNAポリメラーゼを単離した。このDNAポリメラーゼは*Thermus aquaticus*から単離された。*T. aquaticus*はBlockとFreezeがアメリカのYellowstone国立公園の複数の温泉で発見した細菌である。これは温泉や熱水噴出孔に生息する好熱細菌の一種で，最高79℃，最低40℃，という一般的な生き物では生存できない温度環境で増殖[*10]できる。高温に適応しているため，*T. aquaticus*の産生するタンパク質は一般的なタンパク質と比べて耐熱性が極めて高い。単離されたDNAポリメラーゼも耐熱性が高く，後に*T. aquaticus*の属名と種小名の頭文字を取って*Taq*ポリメラーゼと呼ばれることになるこのタンパク質は，PCRの発展に大きな寄与をすることになる[*11]。付

[*9] 1970年のTeminらとBaltimoreが独立に逆転写酵素 (Reverse Transcriptase, RTace)——mRNAを鋳型にDNAを合成する酵素——を発見したことで，セントラルドグマには例外があることが分かっている。

[*10] 生存に加えて増殖できることが重要である。例えば「最強生物」として有名なクマムシは，乾眠という休眠状態になることで，79℃でも生存できるが増殖することはできない。増殖できるということはその環境下で酵素の触媒する化学反応すなわち生命現象を起こせるということであり，タンパク質が変性せずに機能できるということである。

[*11] こういうことが自然科学の分野ではよくあるから，基礎研究をないがしろにしてはならない。オワンクラゲ*Aequorea victoria*から単離されたGFPも同様の例である。役に立つか立たないかを決めるのは歴史であって，現代を生きる人の仕事ではない。また成功ばかりを求め，失敗をやたら責めてはならない。Flemingによるペニシリンやリゾチームの発見は，微生物を扱う実験者にとって恥であるコンタミネーション——実験と関係のない微生物や物質が実験系の中に混入すること。通称「コンタミ」——によるものである。シャーレにカビを生やしたり鼻水を垂らしたりするなどあり得ない失敗だが，これがなければペニシリンやリゾチームは発見されなかった。どこに何が隠れているか分からない，それを探し当てる過程が自然科学である。面白ければそれで良い，そういう姿勢が一番だと私は思っている。

録にて大腸菌 DNA ポリメラーゼと *Taq* ポリメラーゼのアミノ酸配列の比較を示したので参考にしてほしい。

オリゴヌクレオチドは図 1 に示したようなヌクレオチドを複数重合させたものである。1959 年に Khorana が，数十ヌクレオチドからなるオリゴヌクレオチドの合成に成功した。PCR においてこの数十ヌクレオチドからなるオリゴヌクレオチドは人工のプライマーとして働く。プライマーは DNA ポリメラーゼによる DNA 合成に必要不可欠なものである。なお Khorana は元々 DNA を構成するデオキシリボヌクレオチドのみを合成していた。しかし後に Nirenberg らの研究に加わり人工 mRNA として働くリボヌクレオチドを合成することで，遺伝暗号の解読にも貢献した。

このような発見や技術開発を基に，PCR は開発された。まず PCR の基本的な原理を最初に示し，実証したのは前述した Khorana のグループだった。PCR の基本的な原理とは，*in vitro* でプライマーと DNA ポリメラーゼを用いて DNA を合成する手法のことである。この手法は後に記すサーマルサイクルの 1 サイクル分のみに相当する操作である。具体的には DNA の二本鎖を解離し，プライマー――合成したオリゴヌクレオチド――をそれに結合させ，DNA ポリメラーゼを加えて DNA を合成するという操作である。今となっては PCR という形でほとんど同じ反応が自動化され，世界中で毎日のように行われているだろうが，当時はこの発表の後 12 年間に亘ってこの手法が用いられることはなかった。

用いられることのなかった Khorana らの手法を利用することを思いついたのは Mullis である。Mullis は Khorana らの行った操作を繰り返すことで，目的の塩基配列のみを含む DNA 断片を特異的に増幅できると思いついたのである。Khorana らの操作を繰り返すというのは，後に説明するサーマルサイクルのことである。当時のサーマルサイクルは，約 94℃ で二本鎖 DNA を一本鎖に開裂し，40 ～ 60℃ で一本鎖 DNA に DNA 合成の足場であるプライマーを結合させた後，約 37℃ で大腸菌の DNA ポリメラーゼを加えてプライマーを起点に DNA を合成させるという一連の過程を 1 サイクルとし，これを 20 ～ 30 サイクル繰り返すというものだった。Mullis はこの方法をポリメラーゼ連鎖反応，すなわち PCR と呼んだ。PCR が誕生した瞬間であり，おそらく 1983 年のことである。おそらく，という曖昧な書き方には理由がある。Mullis は PCR について論文を書いたのだが，雑誌に掲載されなかったのである。その後，PCR を用いた鎌状赤血球貧血症[*12]の診断についての論文が 1985 年に発表された。すなわち PCR を応用した論文が，PCR の基

---

*12 β ヘモグロビンの 6 番目のグルタミン酸がバリンに置換された点変異による遺伝病である。このヘモグロビンを含む赤血球は低酸素圧下で鎌状になるため溶血しやすく貧血となる。ホモ接合体では重症の貧血で，ときに死に至るが，ヘテロ接合体では基本的に日常生活に支障はない。なお変異したヘモグロビンはマラリアに抵抗性を持つため，マラリアの蔓延する地域ではヘテロ接合体が多く，マラリアに抵抗するための進化とも捉えることができる。

礎の論文よりも先に発表されるという珍事が起きた。この PCR を応用した論文は Mullis と同僚の Saiki [*13]らによるものである。この論文がきっかけで PCR は注目され，Mullis の PCR の基礎についての論文も 1987 年にようやく発表された。

このようにして開発された PCR であったが，初期の方法には複数の問題があった。その問題はすべて大腸菌由来の DNA ポリメラーゼを用いていたことに起因するものだった。一つ目に DNA ポリメラーゼがサーマルサイクルの 1 サイクルごとに失活してしまう問題である。サーマルサイクルには反応液を 94℃ という高温にする過程がある。しかしそのような高温に大腸菌は適応していないから，大腸菌由来の DNA ポリメラーゼは 94℃ になる度に失活してしまうのである。このためサーマルサイクルの度に失活した DNA ポリメラーゼの代わりに新たな DNA ポリメラーゼを加える必要があり，大量の DNA ポリメラーゼを必要とした。二つ目に操作を自動化できないという問題である。PCR はサーマルサイクルを回す，つまり規則的に温度調節さえしていれば進むから，当時の技術であっても自動化できそうな操作だった。しかし DNA ポリメラーゼをサーマルサイクルの度に加える必要があったから自動化できなかったのである。このため PCR の最中は実験台を離れることができず負担が大きかった。その上同じ操作を数分間隔で 30 回近く繰り返す必要があったから，操作を誤りやすかった[*14]。三つ目に目的としない DNA 断片が増幅されやすいという問題である。DNA ポリメラーゼに DNA を合成させるのは，当然のことながら大腸菌の DNA ポリメラーゼの至適温度である 37℃ だった。しかしこの温度では温度が低すぎてプライマーが DNA の鋳型鎖に対して非特異的な結合を起こしやすかった。PCR において目的とする DNA 断片のみを増幅できるのは，プライマーが鋳型鎖に特異的に結合したときのみである。プライマーは温度が高いほど特異的に鋳型鎖に結合できるが，温度が高すぎれば大腸菌の DNA ポリメラーゼが DNA を合成できなくなってしまう。そのため目的としない DNA 断片が増幅されやすかった。

この問題を一挙に解決したのが，前述した *Taq* ポリメラーゼである。高温環境で生息する *T. aquaticus* から単離された *Taq* ポリメラーゼは，サーマルサイクルの高温にも耐えることができた。また *Taq* ポリメラーゼの至適温度は 72℃ で，プライマーが特異的に結合できる温度で DNA を合成できた。この方法は Mullis と同僚の Saiki らが 1987 年に発表した。これによって PCR でサーマルサイクルの度に DNA ポリメラーゼを入れる操作

[*13] PCR を進行させる基本的な条件のほとんどは，Mullis が技師であった Saiki に検討させたものだと言われている。実際に PCR 開発初期の主要な論文の筆頭著者はほとんどが Saiki であり，一方の Mullis は貢献度の低い，最後から 3 番目や 4 番目の著者である。Mullis は PCR の開発でノーベル賞を受賞したが，本来受賞すべきであったのは Saiki だったと言う意見も多い。

[*14] 全く同じ操作を数分間隔で 30 回近くやらされるのである。間違えるなと言う方が無理がある。

も大量のDNAポリメラーゼも不要となった上，目的のDNA断片のみを増幅することが容易になった。またDNAポリメラーゼを入れる操作が不要になったことを受けて，同じ年にはWeierとGrayが，PCRを自動化するサーマルサイクラーを開発した。これらによって初期のPCRの問題は解決され。PCRはDNAを特異的に増幅する簡便な方法として普及した。

以上がPCRの開発に関連する歴史である。後に記すようにPCRの原理はシンプルなものであるから，これ以降も様々に改良・応用がなされて発展し，生命科学の発展を支え続けている。次の小節ではそのような改良・応用によってどのようにPCRが用いられているのかについて記す。

1.2　PCRの用途

前の小節ではPCRがどのように開発され，発展したのかについて記した。この小節では，現在PCRがどのように用いられているかについて簡単に記そうと思う。「簡単に」というのは，様々な応用がなされているのでそのすべてについてカバーするのは難しいからである。興味があるものがあればこの本を足がかりにして調べてみてほしい。この本では生命科学の研究，医療，法医学という三つの分野について記す。

まず生命科学の研究についてどのようにPCRが使われているかについて記す。生命科学の研究では，遺伝子組換え，ゲノムやcDNAのクローンの作成，遺伝子の発現解析，核酸の定量，塩基配列の決定などにPCRは用いられている。

遺伝子の組換えとは，外来DNAとゲノムDNAとの間の相同組換えによって目的の遺伝子領域を外来DNAと入れ替えることである。このときに用いられる外来DNAの合成過程と，組換えが成功したか否かの確認にPCRは用いられる。

ゲノムクローンとは，ある遺伝子の配列のみをPCRで増幅することで得られるDNA断片のことである。またcDNAクローンとは，mRNAを逆転写酵素を用いてcDNAとした後，PCRで増幅することで得られるDNA断片のことである。これらはゲノムライブラリー[*15]から作ることもできるが，塩基配列が分かっている場合にはPCRの方が遥かに簡単に作ることができる。ゲノムクローンとcDNAクローンは，イントロンの有無とい

[*15] ゲノムライブラリーとは，大腸菌にクローニングされたゲノムDNA断片の集合である。ゲノムライブラリーの作成には，まずゲノムDNAを制限酵素で処理する。これによって生じたすべてのDNA断片をそれぞれプラスミドに挿入し，一つの大腸菌が一つプラスミドを持つように導入する。これらの大腸菌を培養したしたものがゲノムライブラリーである。ゲノムライブラリーを構成する大腸菌は一つ一つがゲノムの一定領域のゲノムを保持している。ゲノムは巨大であるから，断片化して大腸菌でクローニングすることで扱いやすくなる。

う点で異なる。ゲノムクローンはゲノム DNA を増幅しただけであるからエキソンとイントロンを含む。すなわち単に転写・翻訳しただけではタンパク質は合成できず，転写後にスプライシングをしなければタンパク質は合成できない。一方 cDNA クローンは，mRNA すなわちスプライシングを終えた分子から増幅を行うから，エキソンだけを含み，転写・翻訳するだけでタンパク質を合成できる。この微妙な違いからゲノムクローンと cDNA クローンの用途は異なる。ゲノムクローンは前述の遺伝子組換えの材料などに用いられ，cDNA のクローンは大腸菌などで目的タンパク質を大量に合成させる場合などに用いる。またゲノムクローンと cDNA クローンを比較することで，スプライシングの位置などの解析も可能となる。なお cDNA クローンを得るのに用いる PCR は RT-PCR ──Reverse Transcription PCR, 逆転写 PCR──と呼ばれる方法である。慎重な扱いを必要とする RNA を扱いやすい DNA に変換した上で増幅するという RNA を扱う上で強力な方法のひとつである。

遺伝子の発現解析を行う方法の一つにこの RT-PCR がある。目的の細胞・組織から抽出した mRNA を RT-PCR にかけ，増幅した cDNA を調べることで，発現している遺伝子を解析することができる。

核酸の定量を PCR で行う場合，qPCR という手法を用いる。qPCR には様々なものがあるが、代表的なものはリアルタイム PCR と呼ばれる手法である。qPCR（リアルタイム PCR）は，定量したい核酸を鋳型として PCR を行う。このとき PCR 産物の増幅に伴って蛍光が発せられるように設計した蛍光色素を加えておき，その蛍光量を測定する。ある一定の蛍光量に達するまでの時間を測定すれば，PCR 産物の増幅速度を求めることができる。すなわち PCR の鋳型として加えた試料が多ければ増幅速度は大きく，少なければ増幅速度は小さくなるから，核酸の定量をすることができる。なおこの qPCR と前述の RT-PCR を組み合わせた RT-qPCR を用いると，遺伝子の発現量を定量することができる。

塩基配列の決定には様々な方法があるが，PCR を用いて行う方法の一つがジデオキシ DNA 塩基配列決定法である。これは PCR の反応液に ddNTP──DiDeoxyriboNucleoside TriPhosphate, ジデオキシリボヌクレオシド三リン酸──を加えるというものである。ddNTP が合成中の DNA 断片に取り込まれると，その DNA の合成は止まる。どの塩基で合成が止まったかを調べ，端から順に塩基配列を読むことで塩基配列を決定できる。かつては目視で読まれていたが，現在では蛍光色素で標識した ddNTP の蛍光を検出することで完全に自動化されている。

次に，医療についてどのように PCR が使われているかについて記す。医療では，ウイルスの検出，遺伝病の診断などに用いられている。ウイルスの検出には，特に感染の初期でウイルスがあまり増殖していないときに PCR がその威力を発揮する。理論上 1 分子のウイルスゲノムでも採取できていれば，PCR を用いて増幅できるので，容易に検出できるようになる。なおウイルスにはDNA ウイルスとRNA ウイルスがあるが，RNA ウイルスの場合は前述のRT-PCR によって検出する。また遺伝病の診断においても，原因となる遺伝子が分かっている場合には，採取したDNA をPCR で増幅した後にその配列などを解析することで診断が可能となる。前述の鎌状赤血球貧血症が具体例のひとつである。

最後に，法医学についてどのようにPCR が使われているかについて記す。法医学でのPCR の利用は，PCR が利用されていると意識している人は少ないだろうが有名なものである。それは個人の特定によく用いられるDNA 型鑑定である。事件の証拠や親子鑑定に用いられるDNA 型鑑定であるがこれにはPCR が欠かせない。実際の殺人現場を見たことは私もないので，2 時間ドラマの殺人現場を想像してほしい。事件が起こると鑑識が証拠を集める訳であるが，証拠を大量に残してくれる犯人はそうそういない[*16]。被害者の爪の間に皮膚片が残っていたり，髪の毛が落ちていたり，血液や唾液などの体液が落ちていたり，指紋が付いていたりする程度である。これらからは基本的にDNA が取れる[*17]のだが，微量である。この微量のDNA に対しPCR を行うと，2^{30}倍程度にまで増幅できる。またこのとき増幅されるのはヒトゲノム上に複数存在するSTR（えすてぃあーる）—Short Tandem Repeat（しょーと たんでむ りぴーと）, 短い直列反復配列—である。STR はCACACACA··· やGTGTGT··· というような，短い単位配列が繰り返される配列である。その繰り返し回数は最大40 回，最小4 回とかなり個体差があり，5 〜 10 個のSTR を選択して比較すれば，同じSTR の繰り返し回数を持つ人は100 億人に1 人となる[*18]。このSTR の繰り返し配列はDNA 指紋と呼ばれ，PCR を用いてこれを増幅・解析することで個人の識別が可能となっている。

このようにPCR は様々な分野で用いられており，またこの本に記されていない用途も多く存在するはずである。ここまでPCR とは一体何なのかについて記してきた。次の節

---

*16 むしろ2 時間ドラマで分かりやすい証拠があったら犯人のトリックを疑うべきである。

*17 唾液のみ，DNA の検出される人とされない人が遺伝的に分かれている。2 時間ドラマでは稀に，自分がDNA を検出されない遺伝子型だと分かった上で，警察への挑戦状として唾液を大量に残す犯人がいる。

*18 但し一卵性双生児は除く。一卵性双生児を遺伝的に区別することは現在ほとんど不可能である。しかし近年盛んに研究が行われているエピジェネティクスと呼ばれる遺伝であれば，将来的に区別できるようになる可能性がある。エピジェネティクスとはDNA の塩基配列ではなく，DNA やヒストンの化学的修飾による遺伝である。この化学的修飾は個体の置かれた環境要因によって変化し得るとされている。一卵性双生児を生まれてから全く同じ環境に置くことは普通に考えて不可能であるから，エピジェネティクスによって一卵性双生児を区別できる可能性がある。

ではいよいよ，PCR の操作について記していく。ここまでに記した内容とは毛色の違う内容であるが，引き続き読み進めてほしい。

2　PCR の手順

前の節では PCR がどのように開発され，そして現在どのようなバリエーションがあって，どのように利用されているかについて記した。それに続くこの節では，最も基本的な PCR である，ゲノム DNA 中の目的の配列の DNA をクローニングする手順について記す。手順は大きく分けて準備――プライマーと鋳型となる DNA の入手――と，サーマルサイクル――変性，アニーリング，伸長――とからなる。ここでは RT-PCR や塩基配列決定法といった応用型の PCR の操作には触れないが，試料や加える試薬，PCR を行うマシンが多少異なるだけであるから，この本に記された PCR の手順を理解できればそれらを理解することも簡単なはずである。

一般に PCR の手順を解説するときはサーマルサイクルの部分だけを説明することが多いが，この本ではあえてサーマルサイクルの前段階にも触れる。PCR はあくまで生命科学の技術のひとつであって，そこには必ず生命を持った生き物[*19]が存在する。生き物が存在しなければ PCR を行うこともできないし行う意味もない。私はそのような生き物に敬意を払う意味を込めて，生き物から DNA を抽出する方法についても記す。

それでは，PCR を始めてみよう。

2.1　PCR の準備――プライマーと鋳型となる DNA の入手

PCR を行うには準備しなければならないものがいくつかある。詳細は次の小節に譲るとして，この小節ではプライマーと PCR の鋳型を得る方法について記す。

プライマーとは建築現場でいう足場のようなもので，これを起点に目的の配列の DNA が合成される。細胞内にはプライマーを合成するプライマーゼ (primase) という酵素が存在するが，PCR に用いるプライマーは生き物から得るのではなく，インターネット通販のように業者に注文する。また，PCR の鋳型とは版画でいう版木のようなもので，これを基に目的の塩基配列の DNA だけを増幅する。この本ではゲノム DNA 中の目的の配列の DNA だけを増幅する手順を記そうとしているから，今回 PCR の鋳型となるのは生き物から得ることのできるゲノム DNA である。

[*19] 前述したように，感染症の検査などでウイルスの DNA や RNA を対象に PCR を行うことがあるが，ウイルスは生き物ではない。自力で増殖や代謝をできないこと，細胞を持たないことなどが理由である。極端な進化をした元・生き物だと私は考えている。

2.1.1 プライマーの設計と注文

プライマーとは建築現場でいう足場のようなものである。この小々節では引き続き建築現場で例えつつ，プライマーとその設計方法について記したいと思う。

物質としてのプライマーは 15 〜 30 塩基の一本鎖 DNA である。建築現場では建物と足場が同じ材質ということ——木造建築で足場が木というような状況——はあまりないだろうが，PCR では同じである。すなわち PCR では DNA を合成するのに DNA を足場とする。また建築現場の足場は建物が完成すれば解体されるが，PCR の足場であるプライマーは合成された DNA 断片の端にそのまま残る。なお，生き物が DNA を複製するためにプライマーゼで合成するプライマーは RNA で，DNA の複製が終了すると分解されるので，こちらは建築現場と同様である。要するに DNA を合成するには核酸の足場があれば良いのだが，DNA が安定的で扱いやすい，RNA を用いた場合と比べ分解する手間が省ける，といった理由で PCR のプライマーには DNA が用いられる。

プライマーは足場であると連呼しているが，足場には当然それを使う者がいるはずである。建築現場であれば大工であろうが，PCR，つまり DNA の合成では DNA ポリメラーゼがプライマーを足場として使う。もっとも建築現場の足場を大工は建築中絶えず使うが，DNA 合成において DNA ポリメラーゼは DNA の合成を開始するときのみプライマーを使う。

続いてプライマーの設置，すなわち足場の組み方について記す。DNA にはヌクレオチド中で，リン酸基 $-OPO(OH)_2$ がその端に存在する 5′ 末端と，糖のヒドロキシ基 –OH がその端に存在する 3′ 末端とがある。そして DNA の二本鎖を構成するそれぞれの一本鎖は $5' \rightarrow 3'$ と $3' \rightarrow 5'$ の逆平行の関係になっている（図 2）[*20]。プライマーを設置するのは，この DNA の端のうち，増幅したい塩基配列を含む鋳型となる二本鎖 DNA を一本鎖に解離して生じたそれぞれの鋳型鎖の，増幅したい塩基配列の 3′ 末端である[*21]（図 3）。

[*20] ここで示した DNA の方向性と，DNA を合成する DNA ポリメラーゼの活性には遺伝学的に重要な関係がある。活性の詳細は後述するが，DNA ポリメラーゼは一般に $5' \rightarrow 3'$ ポリメラーゼ活性と $3' \rightarrow 5'$ エキソヌクレアーゼ活性を持つ。すなわち DNA ポリメラーゼが DNA と $5' \rightarrow 3'$ と $3' \rightarrow 5'$ のどちらの方向性で相互作用するかによって，その活性は変わる。そしてこの関係は，DNA と DNA ポリメラーゼが関わる重要な生命現象である複製 (Replication)・組換え (Recombination)・修復 (Repair) の三つを理解する上で重要である。なおこの三つの生命現象はその頭文字を取って「3R」と呼ばれる。

[*21] この後の数段落を書きながら感じたことだが，DNA の二本鎖が逆平行の関係にあるために 3′ 側と 5′ 側が分かりにくく混乱を招く。鋳型鎖の端なのかプライマーの端なのか，明確に書くことを心掛けたので，図 2 を参考にしながら，そこに注意して読み進めてほしい。また特に断らない限り，これ以降では「鋳型」が二本鎖 DNA，「鋳型鎖」が一本鎖 DNA，をそれぞれ示している。

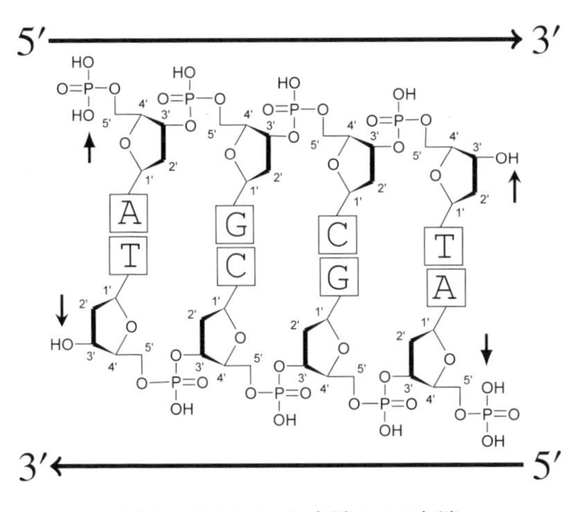

図 2　DNA の 5′ 末端と 3′ 末端

このように増幅したい配列を持つ鋳型鎖の 3′ 末端にプライマーをそれぞれ設置すると，DNA ポリメラーゼはプライマーを起点に 5′ → 3′ の方向にしか DNA を合成できないから，目的の塩基配列の DNA 断片だけを合成・増幅することができる。なおこの DNA ポリメラーゼの活性を 5′ → 3′ ポリメラーゼ活性という。またプライマーの鋳型鎖への設置には，核酸の相補的な塩基対が形成する水素結合を用いる。PCR のプライマーは DNA であるから，プライマーの塩基配列を増幅したい配列を挟む塩基配列と相補する塩基配列——鋳型鎖が A ならプライマーは T，鋳型鎖が T ならプライマーは A，鋳型鎖が C ならプライマーは G，鋳型鎖が G ならプライマーは C（図 4）——を持つように設計することで，目的の塩基配列の DNA 断片だけを増幅することができる。理屈を抜きにプライマーを設計する要領は以下の通りである。まず特に明記されていなければ DNA の塩基配列は 5′ → 3′ の方向でいずれか一方の鎖の配列のみを示している。これを基に設計するとき，増幅したい配列の 5′ 側つまり前方を挟むプライマーは，プライマーを設置する場所と同じ配列の塩基配列を持ったプライマーを設計する。また 3′ 側つまり後方を挟むプライマーは，プライマーを設置する場所に相補する塩基配列を持ったプライマーを設計する。

文章だけで説明してもプライマーについては分かりにくいので，具体的に「はじめに」で取り上げた配列を増幅する場合で説明しよう。その配列をもう一度示す。増幅したい配列は下線で示した部分の配列だった。

5′-CGGTCTTAGTTTCGCTGGTTGAGCCATTGGGTGTTCGCAATGTCCACATGAGTTGAAGA
AGAGGCTACCACCCCTCGGTCACGGCTTCTTCAGCATCTCCATGGACAGGGCACCTCGAGC

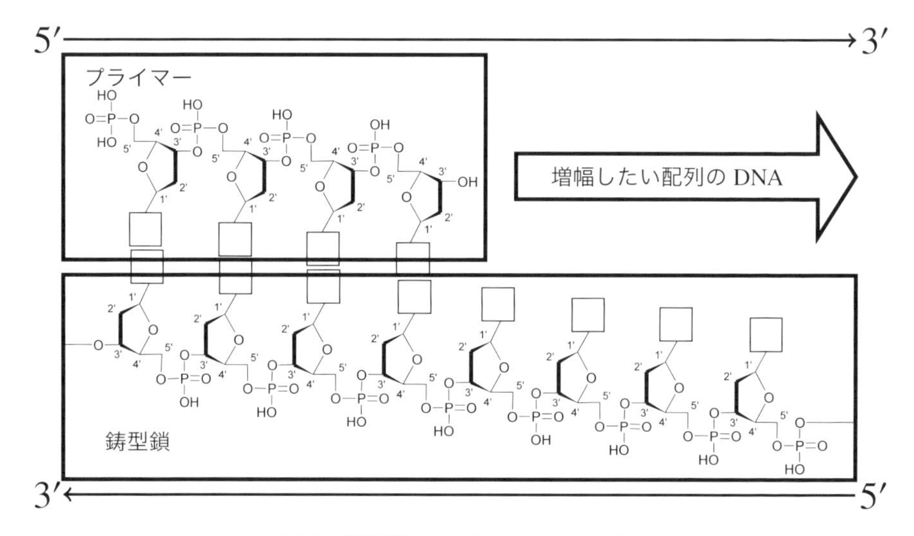

図 3　鋳型鎖へのプライマーの結合

図 4　塩基対形成の A–T 結合と G–C 結合

ATGGCCTCGGTTTCCGATCCCGACTCCGATGGTTGCGCGGCATTTTCTCCTTGTTTCGTAA
ACACGATCACTTGACGGAGCGAAATCGCGCCGTCATGGGAGATTGGCCACGTCGGCTTGAG
GCCACGGAGCATGTCTTGCCCTACGACATACTTCCCTCACCACCATCTACCAGATCTCCAG
CCATCAAGGTCTTGCTCCTGGACACCACGACCACGACAGTCGAGGCCGAGACTACCGAGAT
AATATCAGAATGATCAGAGCCGCGCTTTGCTATCTTGCCGATAAACAGCCGTTCTAACCTA
AAACTTGCGACCAGGTGATTCCAAGAAGGGTGCCAACCTCTTCAAGACCCGTTGCGCT-3′

この配列はアカパンカビ (*Neurospora crassa*) のシトクローム C 遺伝子 *cyc-1* の一部であるから，この配列を持つ鋳型となる DNA はアカパンカビのゲノム DNA を抽出することで得ることができる。その詳細は次の小々節に譲る。この下線配列を挟むようにプライ

マーを設置すれば良いのだから,

5′-CGGTCTTAGTTTCGCTGGTTGAGCCATTGGGTGTTCGCAATGTCCACATGAGTTGAAGA
AGAGGCTACCACCC**CTCGGTCACGGCTTCTTCAGCATCTCCATG**GACAGGGCACCTCGAGC
ATGGCCTCGGTTTCCGATCCCGACTCCGATGGTTGCGCGGCATTTTCTCCTTGTTTCGTAA
ACACGATCACTTGACGGAGCGAAATCGCGCCGTCATGGGAGATTGGCCACGTCGGCTTGAG
GCCACGGAGCATGTCTTGCCCTACGACATACTTCCCTCACCACCATCTACCAGATCTCCAG
CCATCAAGGTCTTGCTCCTGGACACCACGACCACGACAGTCGAGGCCGAGACTACCGAGAT
AATATCAGAA**TGATCAGAGCCGCGCTTTGCTATCTTGCCG**ATAAACAGCCGTTCTAACCTA
AAACTTGCGACCAGGTGATTCCAAGAAGGGTGCCAACCTCTTCAAGACCCGTTGCGCT-3′

というように**太字**で示した配列にプライマーを設置すれば良い。ただしこのように増幅したい配列の外にプライマーを設置するようにすると，PCR で増幅されるのはプライマーも含めた配列だから，増幅したい配列にプライマー分の余計な配列も加わった,

5′-**CTCGGTCACGGCTTCTTCAGCATCTCCATG**GACAGGGCACCTCGAGCATGGCCTCGGTT
TCCGATCCCGACTCCGATGGTTGCGCGGCATTTTCTCCTTGTTTCGTAAACACGATCACTT
GACGGAGCGAAATCGCGCCGTCATGGGAGATTGGCCACGTCGGCTTGAGGCCACGGAGCAT
GTCTTGCCCTACGACATACTTCCCTCACCACCATCTACCAGATCTCCAGCCATCAAGGTCT
TGCTCCTGGACACCACGACCACGACAGTCGAGGCCGAGACTACCGAGATAATATCAGAA**TG**
ATCAGAGCCGCGCTTTGCTATCTTGCCG-3′

という配列の DNA 断片が増幅される。どのような目的で PCR をするかによって余計な配列があることの良し悪しは変わる。またこのときのプライマーの塩基配列は，鋳型鎖の配列を 5′ → 3′ に読んだとき，増幅したい配列の 5′ 側つまり前方を挟むプライマーは，プライマーを設置する場所と同じ配列の塩基配列を持ったプライマーを設計する。また 3′ 側つまり後方を挟むプライマーは，プライマーを設置する場所に相補する塩基配列を持ったプライマーを設計する。よって 5′ 側つまり前方のプライマー (Forward プライマー) の塩基配列は,

Forward: 5′-**CTCGGTCACGGCTTCTTCAGCATCTCCATG**-3′

となり，3′ 側つまり後方のプライマー (Reverse プライマー) の塩基配列は,

Reverse: 3′-**ACTAGTCTCGGCGCGAAACGATAGAACGGC**-5′

となる[*22]。DNA のそれぞれの一本鎖は逆平行になるように――一方の鎖が 5′ → 3′ ならもう一方の鎖は 3′ → 5′ となるように――二本鎖を形成することに注意して，前に示したプライマーの設置場所の塩基配列と比較して確認してほしい。それぞれの鋳型鎖にどちらか一方のプライマーだけが，そしてプライマーの 3′ 末端が増幅したい配列の方向を向くように，鋳型鎖の目的の配列の 3′ 末端側へ結合することが分かると思う。

このようにして設置するプライマーであるが，ここまでに記した条件だけでは不十分である。どのようにプライマーを設計するか，というのは PCR の目的と実験者のセンス[*23]によって変わる。一般にはここまでに記した条件に

1. プライマー間で鋳型となる DNA に同じように結合・解離するように，二つのプライマーの融解温度 T_m[°C] がほぼ等しくなるようにする。
2. 二つのプライマー同士が結合しないように，特に 3′ 末端で相補的な配列を含まないようにする。
3. 鋳型鎖との結合位置がずれることのないように，同じ塩基の繰り返し配列は避ける。
4. 誤対合のないように，3′ 末端に G や C が三個以上並ばないようにする。

といった条件も加えて設計する[*24]。このうち 1 と 2 にさらに説明を加えたいと思う。

T_m は加えたプライマーの半数が鋳型となる DNA に結合している温度である。A–T の結合よりも G–C の結合の方が水素結合が一本多い分安定である（図 4）。ゆえに A–T の結合よりも G–C の結合の方が結合・解離しにくい。これは鋳型 DNA へのプライマーの

[*22] ここでは教科書的に，30 塩基すべてが鋳型鎖と相補する配列のプライマーを設計したが，実際には完全に相補させる必要はない。プライマーの 3′ 末端側の 10 〜 20 塩基は完全に相補させる必要があるが，残りの 5′ 末端側は全く相補しない配列でも問題はない。これはあくまで DNA ポリメラーゼが結合し DNA 合成を開始するにはプライマーの 3′ 末端のみが必要であるからである。これを逆手に取って，増幅する DNA 断片の末端を都合の良い塩基配列に改変することができる。例えばプライマーの 5′ 末端側の配列に制限酵素の認識配列を入れ，目的の配列の DNA 断片がその後のプラスミドへの組込みを行いやすい塩基配列を持つように，すなわち増幅した DNA 断片の両端に制限酵素の認識配列を持つようにすることが可能である。例えば，制限酵素 *Eco*RI の認識配列は，

5′-G↓AATTC-3′

で，↓で切断し粘着末端を生じるから，ここで設計した Forward primer の配列を改変して，

5′-G↓AATTC**CACGGCTTCTTCAGCATCTCCATG**-3′

とすることが可能である。

[*23] またはソフトウエア。プライマーを設計してくれるソフトウエアが存在する。

[*24] 筆者はプライマーの設計条件の確認に，Primer3Plus `https://www.bioinformatics.nl/cgi-bin/primer3plus/primer3plus.cgi` を愛用している。

振る舞いが，プライマーの塩基配列によって異なることを意味している。PCR の最中にプライマー間で鋳型となる DNA への振る舞いに差が出ると目的の配列のみを含む DNA 断片のみを合成できない可能性がある。そのためプライマーを設計するときに T_m を考慮に入れる。また T_m は後に記すアニーリングの温度を決めるのに必要である。振る舞いに差が出ないようにするためには，二つのプライマー間に含まれる塩基の割合に差が出ないようにすれば良い。アニーリングの温度を決めるために具体的な値を求めるには様々な計算式が存在するが，最も単純な式は

$$T_m\ [^\circ\mathrm{C}] = (G + C) \times 4\ [^\circ\mathrm{C}] + (A + T) \times 2\ [^\circ\mathrm{C}]$$

というものである。G, C, A, T はそれぞれプライマーに含まれる，その文字が示す塩基の数 [個] である[*25]。具体例としてプライマーの設置場所の説明のときに設計したプライマーについて T_m を計算してみると，

$$\text{Forward プライマー：}\ A = 4,\ T = 9,\ G = 6,\ C = 11$$
$$\text{Reverse プライマー：}\ A = 9,\ T = 4,\ G = 9,\ C = 8$$

であるから，

$$\begin{aligned}\text{Forward プライマー：}\ T_m &= (6 + 11) \times 4 + (4 + 9) \times 2 \\ &= 60\ [^\circ\mathrm{C}] \\ \text{Reverse プライマー：}\ T_m &= (9 + 8) \times 4 + (9 + 4) \times 2 \\ &= 60\ [^\circ\mathrm{C}]\end{aligned}$$

となり，二つのプライマー間で等しくなっていることが分かる。実際にここまで上手く値が揃うことはあまりないが，できる限り等しくなるようにプライマーは設計する。

また，プライマー同士が結合しないようにするのは，本来必要な鋳型となる DNA へのプライマーの結合に比べて，分子量の小さいプライマー同士の結合の方が起こりやすいこ

[*25] 参考に他の式も示しておく。次の式はプライマーが 15 〜 70 ヌクレオチドの長さのときに用いることができる。

$$T_m = 81.5 + 16.6 \log_{10} I + \frac{41(G + C)}{N} - \frac{600}{N}$$

なお I は 1 価カチオンの濃度 [mol/L] であり，N はプライマーの長さ [ヌクレオチド] である。また，20 〜 30 ヌクレオチドのプライマーについては，次のような式もある。この式では融解温度を T_m ではなく T_p と表現している。

$$T_p = 22 + 1.46\,(2\,(G + C) + (A + T))$$

とによる競争的阻害を防ぐためである。特に 3′ 末端に注意するのは，競争的阻害によって増幅したい配列の DNA 断片が増幅されなくなるのに加えて，DNA ポリメラーゼの持つ活性のひとつである 5′ → 3′ ポリメラーゼ活性によってプライマーが増幅されてしまうからである。例えば，前に記した Forward プライマー，

5′-CTCGGTCACGGCTTCTTCAGC**ATCTCCATG**-3′

と共に，

3′-**TAGAGGTAC**CGCGAAACGATAGAACGGCACG-5′

というプライマーを用いると，**太字**で示した塩基配列が相補する配列になっているから，ここで水素結合によって結合し，さらに DNA ポリメラーゼが DNA 合成することで，

5′-CTCGGTCACGGCTTCTTCAGC**ATCTCCATG**GCGCTTTGCTATCTTGCCGTGC-3′
3′-GAGCCAGTGCCGAAGAAGTCG**TAGAGGTAC**CGCGAAACGATAGAACGGCACG-5′

という配列の短い二本鎖 DNA が増幅されてしまう。またこのとき目的の配列の DNA 断片は競争的阻害によって増幅されない。またこのような配列は本来増幅するはずだった配列を含む鋳型となる DNA には存在しない*26だろうからプライマーとしても使い物にならない。これを防ぐためプライマー同士が決して結合することのないようプライマーは設計する。

このようにして設計したプライマーは，その配列をインターネット経由で業者に伝えると，それに従って合成されたものが翌日には手元に届く*27。どのような状態で送られてくるかは業者によって異なるが，正しく調製すればすぐに PCR に用いることができる。

プライマーに続いて，プライマーの説明にも度々登場した PCR の鋳型鎖となる DNA を得る方法について，この小節の残りで記していく。これは生物学的な観点から興味深い点が多いと私は考えている。それゆえに脇道に逸れることも多いが，これを通じて生物学の面白さが伝わることを願う。

---

*26 存在してもやはり競争的阻害でプライマーとして機能しないだろうし，なぜかその配列で挟まれた DNA 断片が増幅されてもそれは目的のものではないから意味がない。

*27 1 塩基につき 30 円程度なので，比較的長い 30 塩基のプライマーで 900 円程度である。これの領収書や納品書を経理に回して処理してもらう，ということがあるが，商品名が同じで AGCT の並びが異なる——例えば「Ankoku オリゴヌクレオチドプライマー (CTCGGTCACG-GCTTCTTCAGCATCTCCATG)」——，という内容の領収書や納品書が並ぶといったことが頻繁に起こる。非生物学系の経理の方にはそのような領収書や納品書の意味が分からないことがあるようで，混乱しているのを見たことがある。

2.1.2 DNAの抽出

今回PCRの鋳型となるのは生き物から得ることのできるゲノムDNAである。これは生き物を構成する細胞の中に存在する。原核生物であれば核様体[*28]にゲノムDNAがまとめられ，真核生物であれば核の中の染色体にゲノムDNAがまとめられている[*29]。いずれにせよゲノムDNAは細胞内にあるから，PCRをするためには細胞から取り出さなければならない。細胞からのDNAの抽出は，細胞の破壊，タンパク質の除去，RNAの分解，という手順で行う（図5）。なおDNAを細胞から取り出す方法には，その目的や実験者のセンス，キットなどの違いによって様々な方法が存在する。この本で以下に記すのはあくまでDNAを得る操作の一例であり，概要である。

まず細胞を破壊するのだが，DNAを取り出す細胞がどのような細胞かによって手順が異なる。ここで注目するのは細胞壁の有無である。一般に原核生物，植物，菌の細胞には細胞壁があり，動物の細胞には細胞壁はない[*30*31]。細胞壁は「壁」というくらいだからDNA抽出の障壁となってしまう。もっとも原核生物のペプチドグリカンからなる細胞壁は大した障壁とならず，厚い場合でもリゾチームという酵素で破壊できる。問題は植物と菌の細胞壁である。植物の細胞壁はセルロースを中心にペクチン，リグニン，スベリン，クチンなどの高分子からなる[*32]。また菌の細胞壁は多糖類とキチン[*33]などの高分子からなる。いずれも頑丈であり，また化学的に分解しにくい物質からなるため，植物と菌では

[*28] バクテリアではゲノムDNAが核様体タンパク質で，アーキアではゲノムDNAが古細菌型ヒストンで，それぞれまとめられた原核細胞内の構造である。原核生物の染色体などと言われることがあるが，その構造は真核生物の染色体と大きく異なる。

[*29] 真核生物では核の他にミトコンドリアや葉緑体，その他二次共生による細胞小器官などの中にもDNAが存在する。なおこれらの細胞小器官のDNAの多くはゲノムDNAへ奪われ，細胞小器官だけでは生存に必須の遺伝子を発現することができない。すなわちゲノムDNAなしに細胞小器官は生存できなくなっている。細胞内共生というと聞こえは良いが，実際のところは家畜化されて細胞内「放牧」状態である。

[*30] 便宜上，原生生物は近縁な植物，菌，動物にそれぞれ含めて記している。なおこの本ではMargulisの五界説を基本に記している。

[*31] 細胞壁の有無に注目すると動物が生物界において標準ではなく浮いている存在であるように思える。生物学の教科書には動物中心に書かれているものが多いように感じるが，細胞壁の他にも動物が浮いている存在であるように思えることは多く，生命の本質に迫るには動物はあまり適さないのではないかと私は考えている。

[*32] リグニンは細胞壁を木化し，スベリンはコルク化し，クチンは葉の表面のクチクラを形成する。

[*33] キチンはカニなどの節足動物の甲羅を作る物質でもある。誤解している人がいるかもしれないが，このことから想像できるように菌は植物よりも動物に近縁な生き物である。菌が従属栄養生物であることからも想像できるだろう。きのこ――たいていは担子菌門の菌の，担子器という生殖器――を八百屋で売って良いのか，たまに疑問に思う。

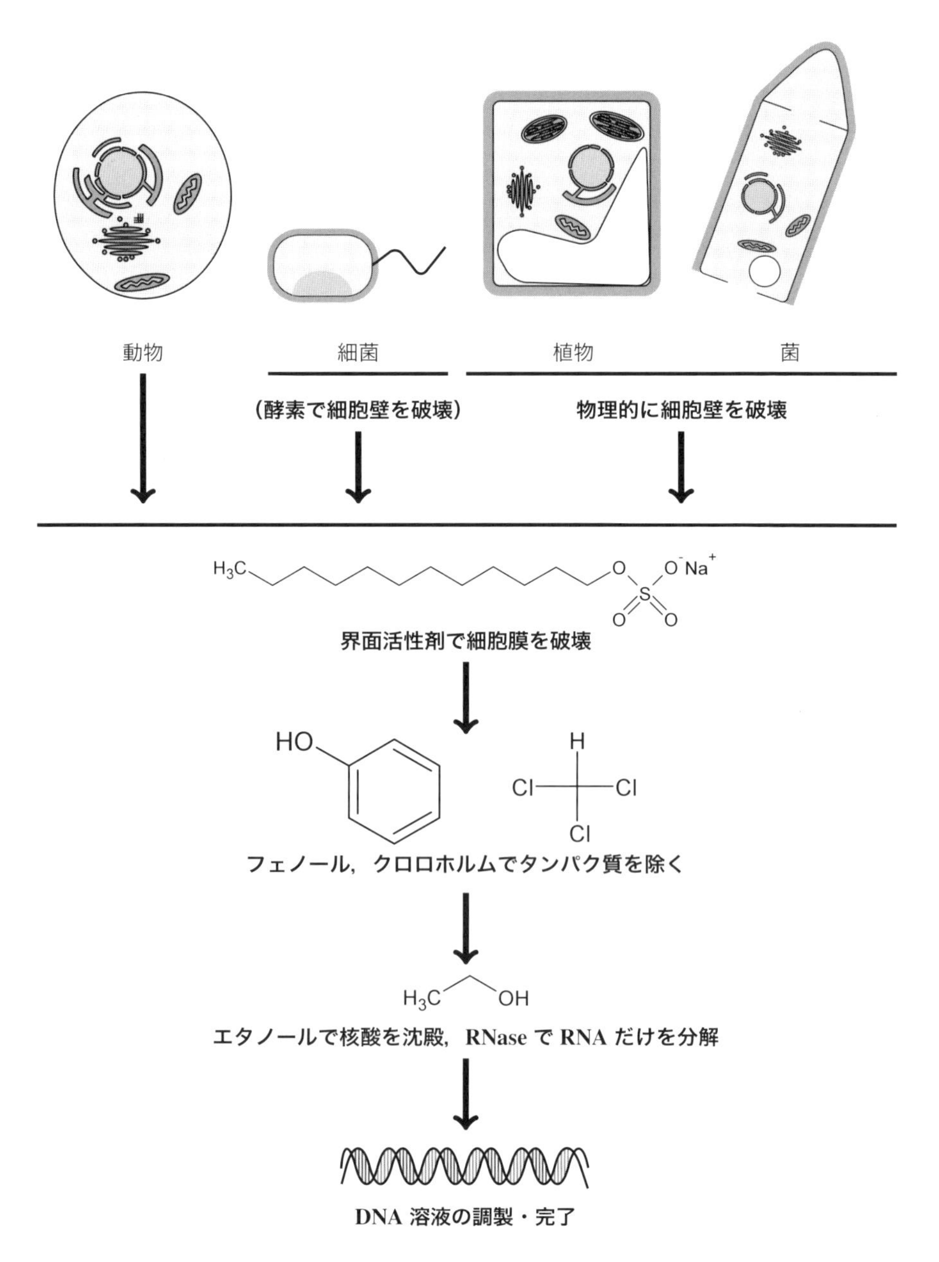

図 5　細胞から DNA を調製する手順

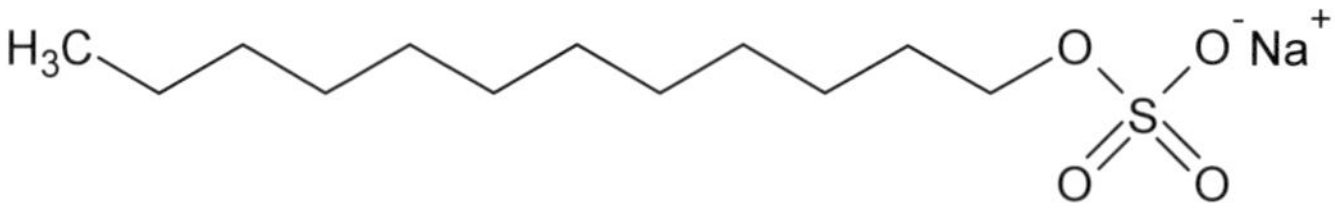

図 6　界面活性剤の例：硫酸ドデシルナトリウム (SDS)

物理的に細胞を破壊するという操作をまず行う。具体的には細胞と分離バッファーを乳鉢に入れ乳棒で磨り潰す，細胞と分離バッファーと石英砂を入れたチューブを細胞破砕装置にセットし激しく振って粉砕する，液体窒素を用いて凍結・粉砕する，といった方法で細胞を破壊する。分離バッファーには pH を一定に保つことで細胞内の物質を保護する，後の操作での DNA の分離を良くするなどの働きがある。分離バッファーの組成は目的に応じて様々なものがあるので割愛する。なおこの過程で多少は DNA も物理的に切断されてしまうらしいが，PCR を行う上では問題なく，むしろ PCR の効率を高めることもある。

これ以降の細胞を破壊する操作はすべての生き物で共通である。まず細胞に界面活性剤（図 6）を加え細胞膜をはじめとする生体膜を破壊する。生体膜は水中に浮かぶ脂質の膜であるから，界面活性剤によって水中に分散させることで破壊できる。植物や菌では物理的に細胞を破壊するという操作があるから，細胞膜は界面活性剤を用いる前にすでに破れているだろうが，界面活性剤を用いることでさらに破壊する，すなわち分子レベルでバラバラにすることができる。このようにして得た液体を冷却遠心する。この遠心によって細胞壁の残骸などの水に不溶の成分と，核酸・タンパク質・脂質・糖などの水に可溶の成分とに分離する。分離した上清，すなわち水に可溶の成分を含む液のみを回収し，細胞抽出液とする。なおここで冷却遠心とする理由については次に記す。

次にタンパク質を除去する。このタンパク質の除去は重要である。何故なら細胞中には DNase（でぃーえぬえいす）（DNA 分解酵素）が存在するからである。もともと細胞内では DNase は隔離されているが，細胞がバラバラに破壊されれば DNA と DNase が接触できる状況になるから、細胞抽出液を放置しておくと DNA は分解されてしまう。もちろん DNA を得ようとしている訳だからできる限り不純物を除いて精製する必要もあるが，DNA 分解酵素による DNA の分解を防ぐためにタンパク質だけは何が何でも除かなくてはならない。前の段落に記した冷却遠心を必要とする理由も，冷却によって DNase 活性を抑え，DNA の分解を防ぐためである。具体的にはまず，細胞抽出液にフェノール（図 7）を加えて水溶タンパク質を変性させ不溶にしてから遠心する。遠心すると下からフェノールの層，変性したタンパク質の層，核酸などの溶けている水層，の 3 層に分離するので水層のみを回収する。この水層には変性しきっていない水溶タンパク質とフェノールがまだ含まれているから，再びフェノールを加えると同時にフェノールの水層への残存を防ぐためにクロロホ

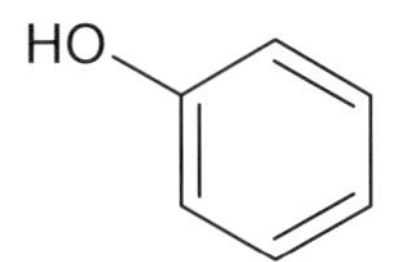

図7　タンパク質の変性に用いるフェノール

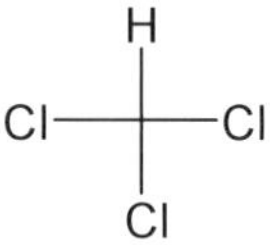

図8　フェノールの残存を防ぎ、糖類を除去するためのクロロホルム

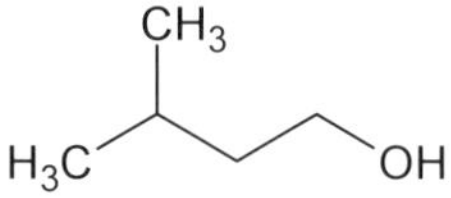

図9　フェノール・クロロホルムとの分離を良くするためのイソアミルアルコール

ルム[*34]（図8）も加え，先ほど同様に遠心し水層を回収する。このフェノールとクロロホルムを加える操作を行えば行うほど，水層中の変性しきっていない水溶タンパク質とフェノールを除くことができる。またより確実にフェノールを除くためにクロロホルム[*35]だけを加えて同様の操作を行うこともある。DNAを抽出する細胞によっては，糖類の除去という目的でクロロホルムを用いた一連の操作が行われることもある。この一連の操作をどこまで丁寧に細かく行うかはDNA抽出の目的と実験者のセンスによって変わる。とにかく，こうして得た核酸などの溶けた水層だけを以降の操作で用いる。

続いて核酸などの溶けた水層から核酸を沈殿させ分離する。核酸の沈殿はエタノール（図10）を多量に加えることで行う。エタノールは構造式から想像できるように有機化合物としては水と似た物質である。すなわち極性を持ち，ヒドロキシ基で水素結合を形成し，水と任意の割合で混和する。すなわちエタノールとDNAとではエタノールの方が水に溶けやすいため，DNAの溶解を可能にしていた水和水はエタノールに奪われ，DNAは

[*34] この液は通称「フェノクロ液」と呼ばれる。なお水層とフェノール；クロロホルムとの分離を良くするためにクロロホルムだけでなく少量のイソアミルアルコール（図9）も加えることもある。

[*35] このときもフェノールの分離を良くするため，クロロホルムに少量のイソアミルアルコールを加えることがある。なおクロロホルムにイソアミルアルコールを加えたものは通称「クロイソ液」と呼ばれる。

図 10　核酸を沈殿させるエタノール

凝析される。その一方で沸点——水は 100℃，エタノールは 80℃——から想像できるように，その極性は水ほど大きくはなく，形成する水素結合も弱い。このため DNA は水には溶解できるがエタノールには溶解できず，沈殿する。水と DNA の相互作用は DNA を溶解させるのに十分強いが，エタノールと DNA の相互作用は DNA を溶解させるには弱いということである。なお前に加えた分離バッファーや界面活性剤には DNA の電荷を中和して塩析を行う働きがあり，DNA を沈殿しやすくする。具体的にはまず，90% エタノールを加えてから冷却遠心する。冷却は DNA の溶解度を下げてより沈殿しやすくするためである。遠心で沈殿と上清が生じるが，核酸の含まれているのは沈殿の方であるから上清は除く。続いて上清を捨てた後の沈殿に 70% エタノールを加えて同様に沈殿だけを得る。ここで 70% エタノールを用いるのは余分な塩を水に溶かして除くためである。塩を除く理由は後ほど記す。こうして得た核酸の沈殿は残ったエタノールを蒸発させて飛ばした後，次の操作に用いる。

次に核酸の沈殿から RNA を除く。前の段落であえて「核酸の沈殿」という表現をしたのは，この沈殿には DNA と RNA が含まれているはずだからである[*36]。破壊するまでは生きていた細胞からの抽出液で実験を進めている訳だから，当然生きていたときに転写・翻訳に関わっていた mRNA（messenger RNA）や tRNA（transfer RNA），rRNA（ribosomal RNA）なども核酸として DNA と一緒に沈殿している[*37]。これらの RNA は PCR の大きな障害となる。なぜなら前の小々節に記したプライマーがこれら RNA に結合する，これら RNA がプライマーとして働くなどして予想外の DNA 合成・増幅が起きてしまう可能性があるからである。目的とする配列以外の DNA が合成・増幅されてしまうのは PCR の目的から言って極めて都合が悪い。これを防ぐため沈殿に RNase（RNA 分解酵素）を加えて RNA を分解する。具体的には，RNase を含む TE 液（Tris-EDTA 水溶液，図 11）を核酸の沈殿に加え，RNase の活性が最も高まる 37℃ 程度[*38]で 30 分前後

[*36] もっとも RNA は不安定で，RNA を扱うときには専用の実験台，実験器具，特別に調製された試薬を用いる必要がある。ここまで記してきたような操作で RNA を扱うことはできない。

[*37] 近年これらの RNA 以外の RNA による遺伝子発現調節機構に関する研究がブームである。もちろんそれら RNA も一緒に沈殿している。

[*38] 酵素活性が最も高まる温度は，その酵素がどの生物種に由来する酵素であるか，特にどの程度の温度の環境に存在する生物であるか，ということに左右される。どんな酵素でも 37℃ で働かせれば良いという訳ではなく，たまたま実験によく使われる RNase が 37℃ 程度の温度環境に存在する生物——手元の資料ではウシ *Bos taurus* の膵臓——由来であるだけである。前述

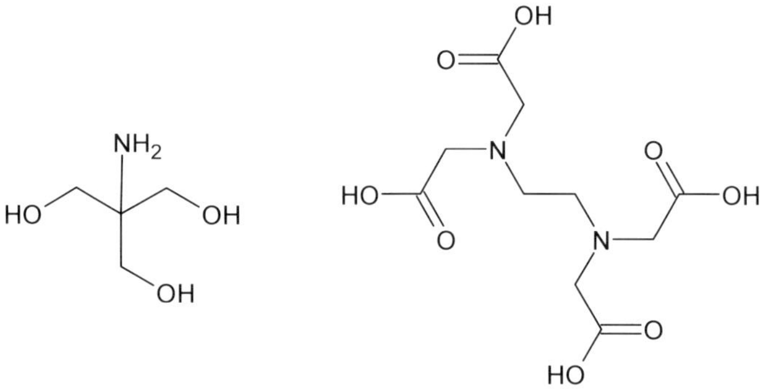

図 11　核酸溶液に加える Tris（トリスヒドロキシメチルアミノメタン, 左）と EDTA（エチレンジアミンテトラ酢酸, 右）

放置する。ここで TE 液を加えるのはタンパク質を除く操作のところで記した DNase を抑制するためである。成分を抽出した細胞由来の DNase は前に記したその操作で除くことができるが，DNase はどの生き物も持っているから身の回りにいくらでも存在する。実験者も生き物だからその DNase が混入する可能性も高い。混入した状態で RNA を分解する操作に進めば，37℃ で DNase 活性も高まるから DNA も徹底的に分解されてしまう。これを防ぐために DNase がその活性に Mg^{2+} を必要とする特徴を逆手に取る。TE 液は塩基性の緩衝液で，これに含まれる EDTA は塩基性下で効率良く Mg^{2+} とキレート錯体[*39]を形成する。これによって DNase の用いる Mg^{2+} を奪い，DNA の分解を防ぐ。核酸を沈殿させるときに 70% エタノールを用いたのは TE 液を加える理由と同様の理由で Mg^{2+} をできるだけ除くためと，Mg^{2+} よりも EDTA とキレート錯体を形成しやすい金属イオンもできるだけ除くためである。これらの金属イオンは PCR を含む様々な反応に影響を与える可能性もあるから，可能な限り除去することは重要である。なおこの操作によって RNase というタンパク質を溶液中に加えているから，より精製された DNA 溶液を得るためには前に記したフェノールなどを用いるタンパク質除去の操作をもう一度行う必要がある。もっともここで加える RNase はごく少量であり，通常は問題とならないから無視して良い。

このようにして得た液が DNA 溶液で，PCR の他にも様々な実験に用いることができ

の *Taq* ポリメラーゼがその例のひとつである。

*39 キレートとは「カニのはさみ」の意味の言葉で，キレート錯体ではひとつの金属イオンにひとつの分子が複数の配位結合をつくる。カニがその両腕のはさみで獲物をガッチリと捕らえた様子をイメージすれば良い。カニが EDTA，獲物が Mg^{2+} である。

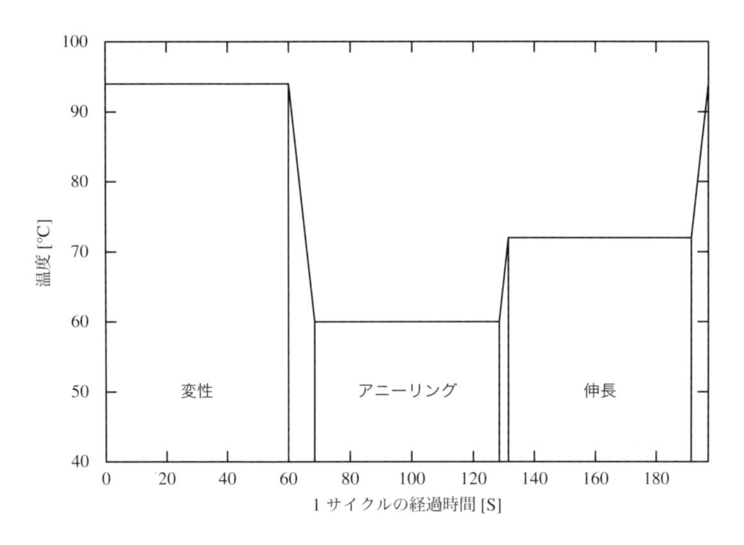

図 12　サーマルサイクルの 1 サイクルの温度変化

る。また冷蔵庫に入れておけば保存も効く。かなり細かく記し，また脱線も多かったように感じるので簡潔にまとめると，細胞を破壊して成分を抽出した後，タンパク質を除いてから核酸を沈殿させ，RNA だけを分解して DNA 溶液を得る，となる。

ここまででようやく PCR の準備ができた。次の小節ではいよいよ PCR の本体であるサーマルサイクルについて記す。

2.2　サーマルサイクル——DNA 断片の増幅

この小節ではいよいよ PCR の本体であるサーマルサイクルについて記す。サーマルサイクルとは異なるいくつかの温度にある時間，PCR の反応液を繰り返し置くことである。操作としては前の小節で得たプライマーとゲノム DNA と，その他 PCR に必要な試薬をチューブに入れ，それをサーマルサイクラーという装置にセットし，PCR の各段階の温度と繰り返し回数を設定してスイッチを押すだけである。正しく調製と設定を行えば寝ていても PCR は完了して，目的の塩基配列を持った DNA 断片だけが増幅されるから，操作に関して記すことはほとんどない。だからこの小節では前の小節とは異なり，PCR の各段階で何が起きているのか，に重点を置こうと思う。

サーマルサイクルの 1 サイクルは，約 94°C で行う鋳型となる DNA の変性を 1 分，40 ～ 60°C で行う鋳型鎖へのプライマーのアニーリングを 1 分，約 72°C で行う *Taq* ポリメ

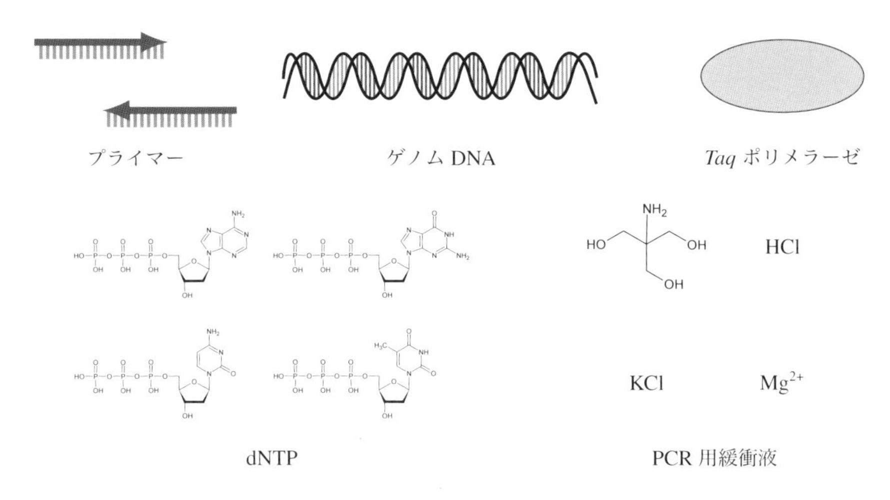

図 13　PCR の反応液

ラーゼによる DNA 断片の伸長を 1 分，からなる。これを 20 ～ 30 サイクル程度繰り返すことで目的の DNA 断片だけを増幅することができる（図 12）。増幅はサイクル数を n とすると理論上は 2^n にまで目的の DNA 断片だけを増幅できる。なおサーマルサイクルの各段階をどれくらいの時間行うかというのは実験の目的や増幅したい DNA 断片の長さ，プライマーの配列，実験者のセンスなどによって短くも長くもなるから，ここで示したのはあくまで一例である[*40]それでは順にサーマルサイクルの各段階を見ていこう。

2.2.1　反応液の調製

サーマルサイクルの前に，サーマルサイクルにかける PCR の反応液がどのようなものであるかを記す。液の量はサーマルサイクラーからの熱を効率良く反応液全体に伝えるため，多くても 50 µL 程度である。この 50 µL 程度の反応液には，前の小節で得た足場であるプライマーと鋳型となるゲノム DNA に加え，DNA を合成する *Taq* ポリメラーゼ，DNA の材料である dNTP（deoxy-NTP），PCR 用緩衝液，が含まれている（図 13）。また

[*40] 私は主に遺伝子の KO（Knock Out, 遺伝子破壊）の確認に PCR を使っている。その場合の 1 サイクルの時間は，変性が 5 秒，アニーリングが 30 秒，伸長が 2 分というものである。ただしサーマルサイクルに入る前に予め 94℃ で 5 分間の変性を行っている。このことから PCR には様々な方法があり，またそれゆえ応用が効く，ということが想像できるのではないだろうか。

反応液の調製の際は超純水[*41]を用いる。

Taq ポリメラーゼは，前述した通り *Thermus aquaticus* から単離された DNA ポリメラーゼである。*Thermus aquaticus* は好熱細菌であり，PCR のサーマルサイクル中の高温でも失活しないという (PCR を行う上で) 非常に都合の良い性質を持っている。PCR に用いる一般的な DNA ポリメラーゼと言えば *Taq* ポリメラーゼであるが，実際には *Thermus aquaticus* から単離された DNA ポリメラーゼそのものが PCR に用いられることはなく，組換え DNA 技術を用いて改良されたものが用いられている。この改良 *Taq* ポリメラーゼは様々な企業が開発・販売しており，また研究室によっては自家製の *Taq* ポリメラーゼ[*42]を用いている場合もある。どのような改良がなされているかはものによって異なるから，目的にあった *Taq* ポリメラーゼを選択する必要がある。なお *Taq* ポリメラーゼは，一般的な DNA ポリメラーゼの持つ 3′ → 5′ エキソヌクレアーゼ活性を持たない。3′ → 5′ エキソヌクレアーゼ活性とは，誤った塩基の dNTP を付加したときにその場でそれを取り除く校正を行う活性のことである。すなわち *Taq* ポリメラーゼは校正ができず，誤って付加したヌクレオチドをその場で除去できない。ゆえに *Taq* ポリメラーゼは一般的な DNA ポリメラーゼに比べて 1000 倍，誤対合した DNA 断片を合成することが多い。配列の誤りをできる限り少なくするためには，*Taq* ポリメラーゼ同様に耐熱だが 3′ → 5′ エキソヌクレアーゼ活性を持つ別種の DNA ポリメラーゼ[*43]を用いて PCR を行うか，ベクターを用いたクローニングを行う必要がある。どれを用いるかは目的に応じた選択の問題である。

dNTP——DeoxyriboNucleoside TriPhosphate, デオキシリボヌクレオシド三リン酸——は，DNA の材料となるヌクレオチドである[*44]。*Taq* ポリメラーゼをはじめとする DNA

---

*41 実験に用いる水には様々な純度——どれだけ H_2O のみで不純物が少ないか——がある。純度の低い方から順に原水（未処理の水），イオン交換水（無機イオンを除去），純水（蒸留水など），超純水（特殊なフィルターでろ過），となる。また培養などをする際には純水などをオートクレーブ滅菌——高温高圧蒸気滅菌。+1 気圧つまり大気圧と合わせて 2 気圧で 120°C の高温高圧の水蒸気に 15 分程度曝す滅菌法——した滅菌水を用いる。

*42 当然のことながら *Taq* ポリメラーゼはタンパク質であるから，その遺伝子をコードした DNA 断片を大腸菌 *Escherichia coli* などに導入して培養し，*Taq* ポリメラーゼを合成させれば自家製で得ることができる。

*43 イタリアの海底熱水噴出孔から単離された *Pyrococcus furiosus*（ぱいろこっかすふりおさす）由来の *Pfu* ポリメラーゼが，耐熱かつ 3′ → 5′ エキソヌクレアーゼ活性を持つ DNA ポリメラーゼの代表例として挙げられる。また，遺伝子工学的手法によって人工的に進化させた高性能の DNA ポリメラーゼも存在する。

*44 dNTP は，図 1 に示したヌクレオチドよりリン酸基が二つ多い。この余計についているように見える二つのリン酸基は DNA を合成するために熱力学的に必要不可欠なものである。図 14 に示したように，合成中の DNA 鎖の 3′ 末端に dNTP が付加するときに，この二つのリン酸基はピロリン酸 $H_4P_2O_7$ として解離した後，リン酸 H_3PO_4 へと分解される。この過程によって DNA 合成に必要な自由エネルギー G を稼ぐことができる。温度 T が一定のとき，ΔG は

ポリメラーゼは，DNA の材料であるこの dNTP を鋳型鎖と相補するように並べ，縮合させることで DNA を合成する（図 14）。DNA には前述の通り塩基が四種類存在するから，dNTP にも塩基がアデニンの dATP（deoxy-ATP《でおきしえぃてぃーぴー》），グアニンの dGTP（deoxy-GTP《でおきしじーてぃーぴー》），シトシンの dCTP（deoxy-CTP《でおきししーてぃーぴー》），チミンの dTTP（deoxy-TTP《でおきしてぃてぃーぴー》）の四種類が存在し，これら四種類の dNTP の等モル混合物を PCR に用いる。なお，dNTP はデオキシリボヌクレオシド三リン酸であって，デオキシリボヌクレオチド三リン酸ではない。ヌクレオシドは糖と塩基が結合した物質でリン酸は含まないのに対し，ヌクレオチドは糖と塩基とリン酸が結合した物質である。この定義より，dNTP はデオキシリボヌクレオシドに三つのリン酸が結合したヌクレオチドである，ということができる。大学レベルの生物学の専門書でも混同されることがある。とりあえず dNTP と言っておけば混乱することはないし，読み書きする上でも負担が少ないから，この本でも dNTP と記している。

PCR 用緩衝液には PCR のサーマルサイクルの各段階の反応の進行を助ける役割がある。具体的には，pH を低く保つ Tris-HCl——*Taq* ポリメラーゼは低い pH で誤対合が減る，すなわち正確に DNA を合成する——，プライマーと鋳型となる DNA のアニーリングに必要な KCl，*Taq* ポリメラーゼがその濃度に依存する Mg^{2+} [*45]，などが PCR 用緩衝液には含まれている。

これらをそれぞれ適量チューブに取って混和する。これをサーマルサイクラーにセットするのだが，このときチューブの蓋を完全に閉めなければならない。チューブの蓋が完

エンタルピー H とエントロピー S を用いて，

$$\Delta G = \Delta H - T\Delta S$$

と表すことができ，$\Delta G < 0$ のとき反応は自発的に進む。エンタルピーはエネルギーとほぼ同義であり，エントロピーは分子の多さと運動の激しさつまり乱雑さ，と考えればよい。すなわち反応は系のエネルギーが減少し，乱雑になる方向に進む。単純に考えると，DNA 合成は乱雑に運動していたヌクレオチドを他のヌクレオチドに結合させて整列させる反応であるから，結合を作る際にエネルギーを吸収する，すなわち系のエネルギーは増大する。また整列させるということは系の乱雑さは減少する。すなわち熱力学的にあり得ない反応である。この一見すると熱力学的にあり得ない反応の DNA 合成であるが，前述したピロリン酸の放出とリン酸への分解によって，結合エネルギーの放出すなわちエンタルピーの減少と，分子数の増加すなわちエントロピーの増大が起きる。これによって差し引きで $\Delta G < 0$ となっているので，熱力学的に可能となっている。このような $\Delta G < 0$ の反応と $\Delta G > 0$ の反応の差し引きによって全体として $\Delta G < 0$ が成り立ち，熱力学的に可能となっている反応は多くの生命現象で見られる。

[*45] 前に記したように DNA 溶液には Mg^{2+} とキレート錯体を形成する EDTA が入っている。そのため *Taq* ポリメラーゼが必要とする Mg^{2+} も奪われるのではないかと考えるかもしれない。しかし Tris-HCl によって PCR の反応液は酸性となっているから，EDTA と Mg^{2+} はほとんどキレート錯体を形成できない。よって DNA 溶液由来の EDTA が *Taq* ポリメラーゼの活性に影響を与えることはない。

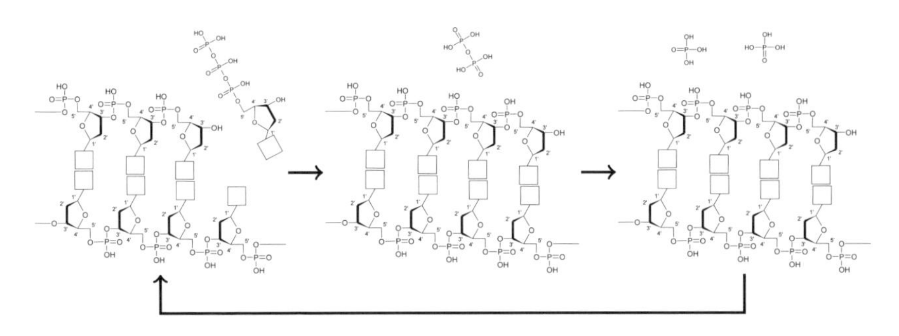

図 14　DNA の 3′ 末端への dNTP の付加

全に閉まっていないと，加熱によって蒸発した PCR の反応液が，サーマルサイクルを繰り返す内に流出してしまう。これを防ぐためチューブの蓋は完全に閉める。かつてはシリコーンオイルを反応液の上に重層して蒸発を防ぐこともあったが，現在のチューブはよくできており，蓋を完全に閉めれば反応液が流出することはない。

これをサーマルサイクラーにセットするといよいよ PCR である。

2.2.2　サーマルサイクルの各段階

前の小節ではサーマルサイクルにかける PCR の反応液の調製について記した。この小節ではいよいよ，PCR の本体であるサーマルサイクルの各段階において，何が起きているのかについて記していく。その模式図を図 15, 16, 17 に示す。いずれのパターンでも原理や機構は共通であるが，どの状態の鋳型鎖から DNA 合成が始まるかによって，生じる DNA 断片が 3 パターン存在するので，図は 3 枚用意した。なおこれらの図では，アニーリング以降の重複する過程は適宜省略してある。説明の都合で，この本では図 15 のパターンを A；図 16 のパターンを B；図 17 のパターンを C，と呼ぶことにする。

これら 3 パターンのサイクルは原理上，A は 1 サイクル目から最後のサイクルまで，B は 2 サイクル目から最後のサイクルまで，C は 3 サイクル目から最後のサイクルまで起き得る。これらはそれぞれのパターンの開始時に，そのパターンで鋳型鎖としている DNA 断片がチューブの中に存在するか否かによって決まっている。1 サイクル目では，鋳型となる DNA が反応液に加えたゲノム DNA しか存在しないから A しか起き得ない。また 2 サイクル目はゲノム DNA に加えて，1 サイクル目・A で生じた DNA 断片も鋳型鎖として機能するから A と B しか起き得ない。そして 3 サイクル目は，ゲノム DNA に加えて，1,2 サイクル目・A と 2 サイクル目・B で生じた DNA 断片も鋳型鎖として機能するから A・B・C すべてのパターンが起き得る。当然のことながら，以降のサイクルでは，A・B・C すべてのパターンが起き得る。このうち B・C のパターンで生じる DNA 断片が――特に C のパターンで――指数関数的に増加し，また B・C の起こる回数も指数関数的に増加する。これによって，目的の配列のみを含む DNA 断片を特異的に増幅することができる。この指数関数的に増加するということが，PCR すなわちポリメラーゼ「連鎖反応」と呼ばれる所以である。以下では各段階の詳細について記す。

一応操作について記す。まずサーマルサイクラーに反応液を入れたチューブをセットする。次に図 12 に示したようなサーマルサイクルの各段階の温度と時間，繰り返し回数を，実験の目的や増幅したい DNA 断片の長さ，プライマーの配列，実験者のセンス，などに応じて設定[*46]する。設定が済んだらスタートボタンを押してサーマルサイクルを回し始める。あとは待っているだけで PCR は進行し，目的の配列のみを含んだ DNA 断片が特異的に増幅される。

このようにしてサーマルサイクルは，まず二本鎖 DNA を一本鎖 DNA に分ける変性から始まる。DNA の二本鎖は水素結合（図 4）で結合しているが，これを 94°C という高温にすることで切断し，一本鎖 DNA を生じさせる。生じた一本鎖 DNA は鋳型鎖として働く。この過程は次のプライマーのアニーリングを起こす準備であり，これが不十分だとプライマーのアニーリングに不都合が生じる可能性がある。なお細胞内で DNA が複製されるときはヘリカーゼ (helicase) が，この過程をその細胞の生存する温度環境下で触媒している。

変性によって二本鎖が解離し一本鎖の鋳型鎖となった後，鋳型鎖へのプライマーのアニーリングが行われる。鋳型鎖へのプライマーのアニーリングとは，プライマーを鋳型鎖に結合させることである。それはまず反応液の温度を 94°C から，40 〜 60°C にまで下げることから始まる。これによってプライマーが鋳型鎖と相補的な塩基対による水素結合を形成する（図 3)。原理はプライマーと鋳型鎖とでは水素結合を形成できるが，鋳型鎖同士では水素結合を形成できない，という温度にまで温度を下げるというものである。この絶妙な温度はプライマーを設計する際に求めた T_m を基に決める。念のためもう一度記すと，T_m は加えたプライマーの半数が鋳型となる DNA に結合している温度である。プライマーの設計の具体例として設計したプライマーでは T_m は 60°C であったから，アニーリングの温度は 60°C に設定する。もっとも実際には求めた T_m を参考に予備実験を行い，最適なアニーリングの温度を決定してから本番の PCR を行うのが普通である。アニーリングの温度が高ければ高いほどプライマーは鋳型鎖に特異的に結合できるが，高すぎれば相補する配列に対しても結合できなくなってしまう。アニーリングの温度を決める際にはプライマーが特異的かつ十分に鋳型鎖に結合できる温度を見極めなければなら

[*46] 大抵のサーマルサイクラーにはメモリ機能があり，一度設定しておけばそれを呼び出すだけで PCR を始めることができる。

ない。ゆえにアニーリングの温度については計算式があるとはいえ，最終的には実験者の経験と勘がモノを言うような面がある。

それぞれの鋳型鎖にプライマーがアニーリングすると，いよいよ目的の配列を持ったDNA を合成する段階に入る。すなわち DNA の伸長である。DNA の伸長は，まず前述した *Taq* ポリメラーゼが鋳型鎖にアニーリングしたプライマーの 3′ 末端に結合することで始まる。結合した *Taq* ポリメラーゼは 5′ → 3′ ポリメラーゼ活性によって，図 14 に示した 3′ 末端への dNTP の付加を次々と行う。これによって DNA が伸長する。*Taq* ポリメラーゼの至適温度は 72℃ なので，この過程は 72℃ で行う。前述した通り，実験の目的などによって用いる DNA ポリメラーゼを変えることがあるから，そのときは用いる DNA ポリメラーゼに応じて伸長を行う温度も変える必要がある。また，DNA 合成はおよそ 1000 塩基/min の速さで起こる[*47]から，目的の配列の長さに応じて伸長の時間は変える必要がある[*48]。目的の配列が 2000 塩基の長さであれば 1 分では不足するから，2 分以上行うべきであるし，100 塩基であれば 1 分より短くても構わないかもしれない。伸長の時間をどのように決めるか，というのはアニーリングの温度を決めるのと似た問題である。理屈の上では鋳型鎖の末端まで DNA の伸長は続くので，A では目的の配列の 3′ の外側に余計な配列を含む DNA 断片が生じる。しかしサーマルサイクルを繰り返せば繰り返すほど，C で生じるような目的配列のみを含む DNA 断片を鋳型鎖として起こる伸長の割合が指数関数的に増加するから，最初に加えたゲノム DNA や A で生じるような DNA 断片の存在は無視することができる。

このようなサーマルサイクルを 20 〜 30 回繰り返すことで，PCR による目的の配列のみを含む DNA 断片を特異的に増幅することができる。脱線はそこまで多くなかったとは思うが，念のためサーマルサイクルについてまとめる。サーマルサイクルの流れは，まず試薬をチューブに取り蓋を閉めるところから始まる。このチューブをサーマルサイクラーにセットし，反応液の温度を制御する。反応液の温度によって開裂，アニーリング，伸長という三つの過程が順に進行する。このようなサーマルサイクルによって PCR は進行し，DNA 断片が特異的に増幅される。なかなか文章だけでは理解しづらい点もあるように感じるから，図を参照しつつ読み込んでいただければと思う。

[*47] DNA ポリメラーゼの至適温度同様，こちらも用いる DNA ポリメラーゼによって異なる。

[*48] いくら耐熱の *Taq* ポリメラーゼを使っているとはいえ，これはタンパク質であって，20 〜 30 回も熱したり冷やしたりすると同時に，DNA 合成をやらせている訳だから，最後の方のサーマルサイクルになってくると *Taq* ポリメラーゼにもダメージが蓄積してきて，活性が落ちてしまう。経年劣化のようなもので，「ポリメラーゼが疲れる」と言うこともあるが，この影響を最小限に抑えるために最後のサーマルサイクルのみ伸長時間を延長することもある。この設定はサーマルサイクラーで普通にできる。

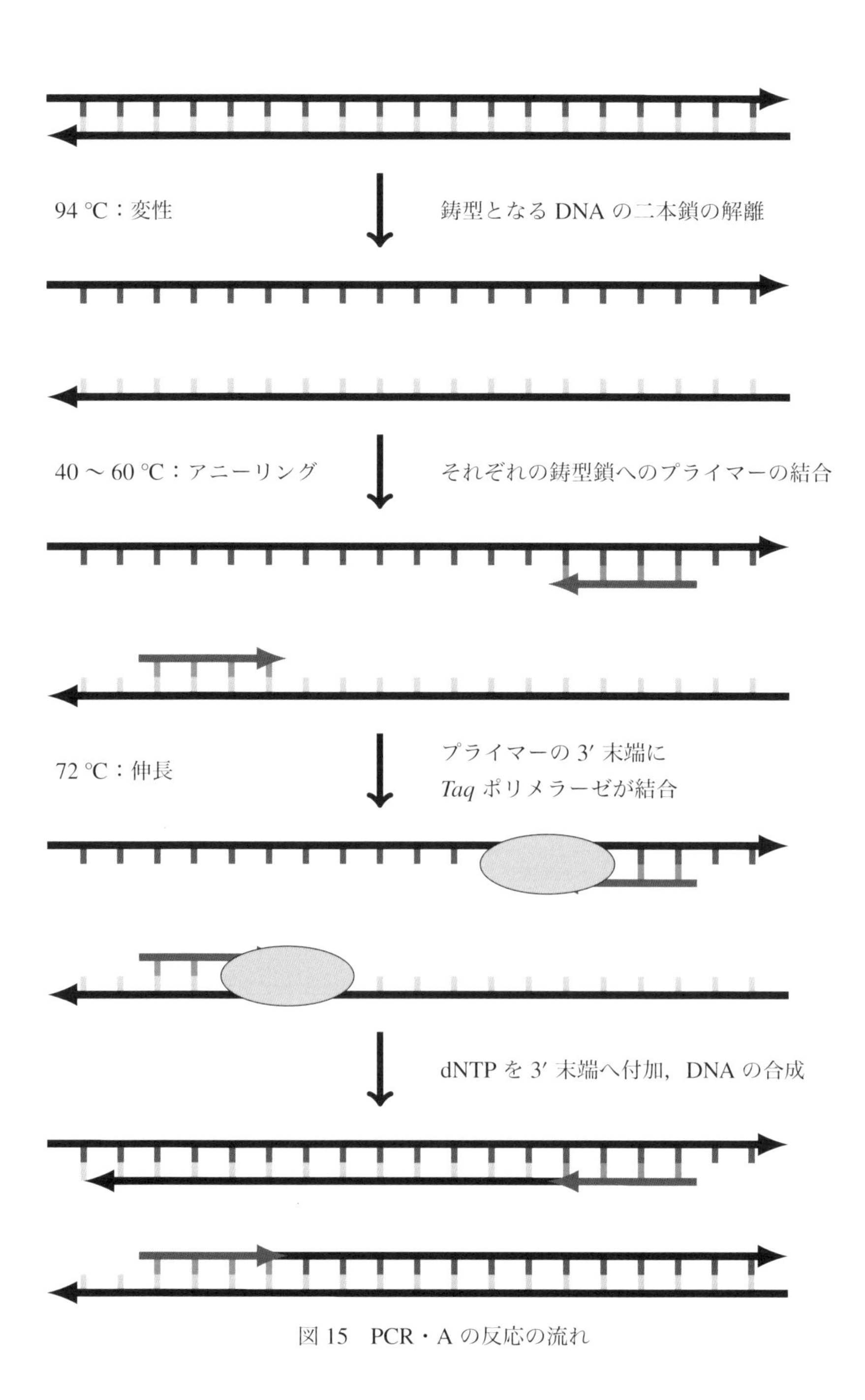

図 15　PCR・A の反応の流れ

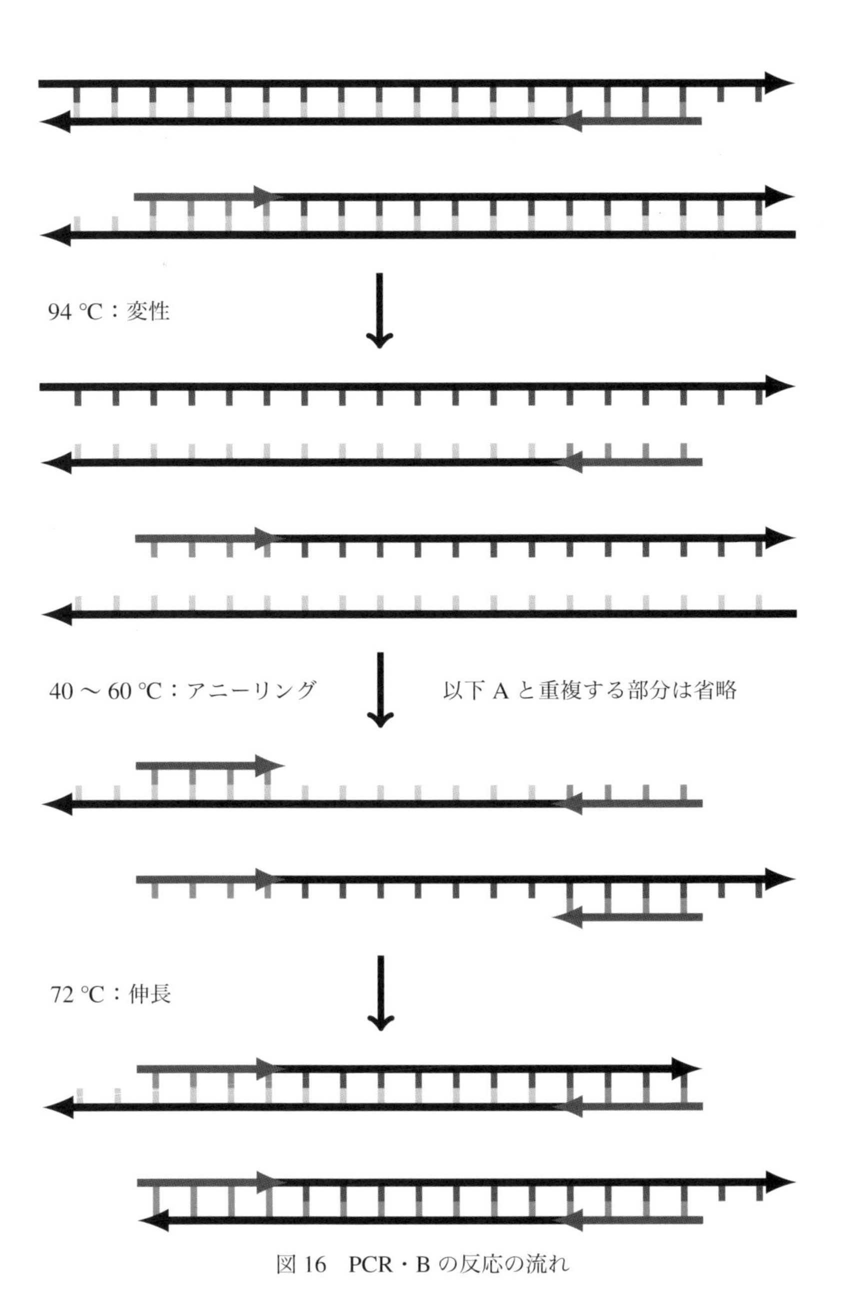

図 16　PCR・B の反応の流れ

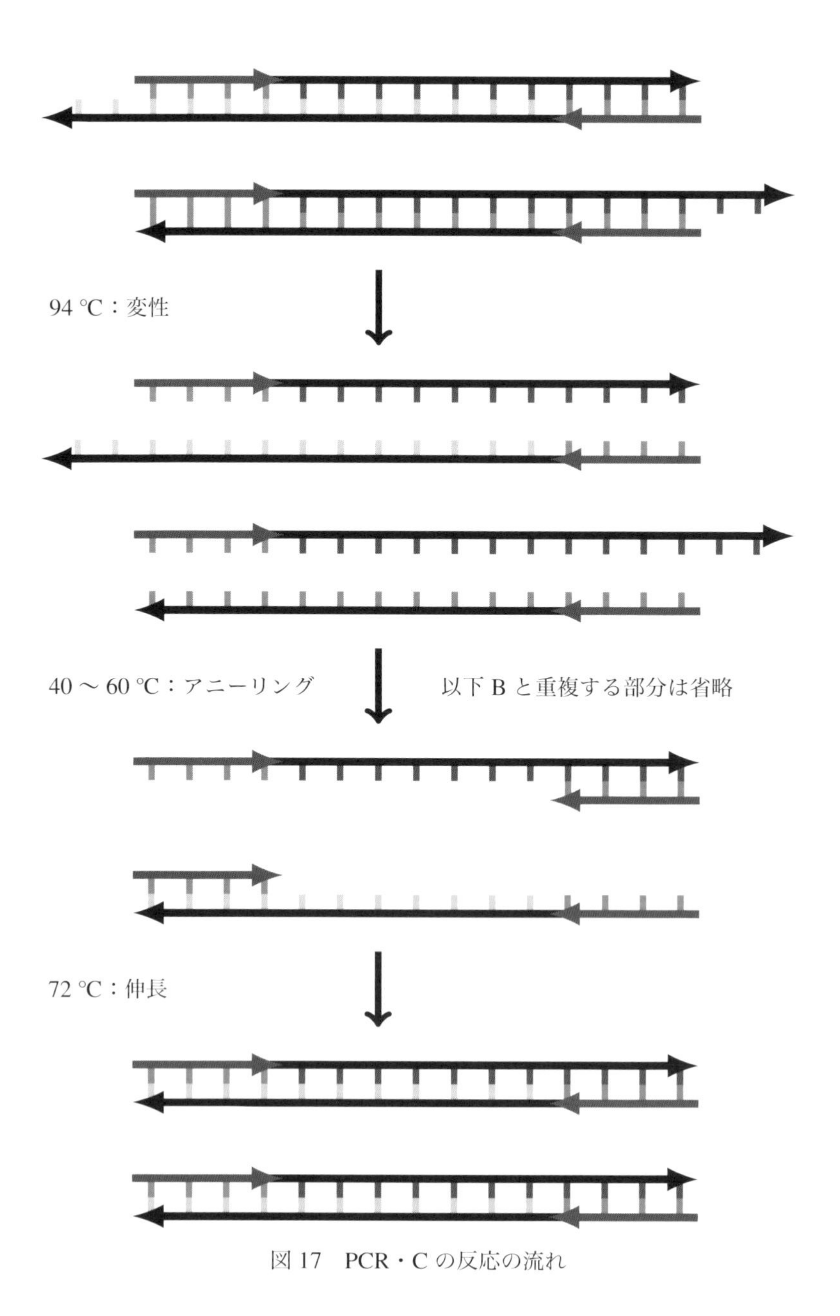

図 17　PCR・C の反応の流れ

SARS-CoV-2 の PCR 検査

2.3　生命科学の課題と COVID-19

『COVID-19 と SARS の比較[*49]』を公開してからほぼ 1 年が経過した。この 1 年で COVID-19 という「敵」に対する理解が進み，様々な感染防止策が提案された。また生命科学の最先端の知見による mRNA ワクチンが実戦投入され，世界最速で接種を進めているイスラエルでは「敵」に打ち勝ちつつある。

「敵」に対する理解が進んだ一方で，この 1 年間は生命科学の昔ながらの課題を再認識させられた 1 年間であった。昔ながらの課題とは，生命科学の階層ごとの断絶である。一口に生命科学と言っても，その守備範囲は広大であり，細かく階層化されている。対象とするものの大きさに注目すれば，最小で電子レベル（量子生物学）から最大で銀河レベル（宇宙生物学）まで階層の広がりがある。また研究手法も，得られる結果が高級である順に生物個体を用いて行う *in vivo*，試験管の中で生物由来の材料や生体物質で行う *in vitro*，コンピューターを用いたシミュレーションを行う *in silico* という階層がある[*50]。しかも *in vivo*，*in vitro*，*in silico* のそれぞれがさらに階層に分かれている。当然のことながら生命科学者 1 人でこれら全ての守備範囲をカバーすることは不可能であり，自らの守備範囲とする階層の中のことしか生命科学者は分からないと言ってよい。そして厄介なことに，少し守備範囲を外れれば自らの常識は通用しないことがほとんどである。筆者の場合，細胞までの大きさで，*in vivo* であれば理解できるが，組織・器官といったサイズ感の話題は理解できないし，*in vitro* や *in silico* はサプリメント程度にしか考えていない。筆者とは異なり，組織や器官は分かるが細胞は分からない，タンパク質レベルであれば分かるが細胞まで大きくなると理解できない，といった生命科学者もいる。また *in vitro* の実験を中心に行い，*in vivo* はおまけ程度に考えている生命科学者もいるだろう。すなわち，生命現

[*49] COVID-19 の原因となる SARS-CoV-2 と，SARS の原因となる SARS-CoV，MERS の原因となる MERS-CoV，計 3 種のコロナウイルスのゲノム RNA の全長を比較した。コロナウイルスの微生物学的基礎知識とそれに基づく感染症対策についても記したので，本書と合わせて読むと COVID-19 に対する理解がより深まるだろう。`http://ankokudan.org/d/dl/pdf/pdf-covid19sars.pdf`

[*50] 実際の生物個体における条件に近くなればなるほど，高級な結果とされる。いわゆる「トップジャーナル」になればなるほど，より高級な結果，すなわち *in vivo* の結果を求められる。例えば「試験管内で培養しているがん細胞をある薬剤で処理すると死滅した」という結果を論文化しようとすれば，間違いなく「がんを移植した動物にその薬剤を投与したときの効果を示せ」と返される。*in vitro* や *in silico* では，実際の生物個体においてはあり得ない条件を設定することが可能であり，それゆえに結果としてはあまり高級とは言えない。

象そのものは各階層ごとに連続しており，それぞれが調和して成り立っているが，それを捉える生命科学者が断絶しているのである。物理学で強引に例えるならば，生命科学は各階層に開祖として Newton がおり，それぞれの Newton の提唱する Newton 力学が違うというイメージであろうか。この断絶の結果，ある階層で観察された現象が，その他の階層では観察されない，つまり階層同士で矛盾した結果が得られるといったことが生命科学の研究では往々にしてある。これは現在の生命科学が主に断絶のために十分に生命現象を捉えきれていないだけであるから，階層ごと断絶の解消が生命科学の昔ながらの課題なのである。

多くの生命科学者はこれらの課題を理解した上で議論してきた。そのため生命科学の階層ごとの断絶という課題は棚上げしたままでも大きな問題にはならなかった。というより，棚上げしなければ生命科学を発展させることはできなかった，と言った方が正確かもしれない。生命科学の各階層で用いられるモデル生物や材料は個性的なものばかりであり，得手不得手がある。各階層が得意とすることを分業する，すなわち課題を棚上げすることで，生命科学は急速に発展してきたのである。

しかし COVID-19 との戦いにおいては，棚上げを前提としない議論が繰り広げられてしまった。近年の SNS の発達とマスメディアの無知が災いしたのか，日本人の教養が予想以上に貧しいものだったのかはここでは議論しない。いずれにせよ非科学的な議論が方々で繰り広げられてしまったのは事実である。分かりやすい例としては，COVID-19 の特効薬として研究が進められているアビガンやイベルメクチンが挙げられるだろう。アビガンは RNA 依存性 RNA ポリメラーゼ阻害剤であるから，RNA ウイルスである SARS-CoV-2 の増殖を妨げることが期待される。また，イベルメクチンを SARS-CoV-2 に感染させた培養細胞へ加えるとウイルスの増殖を抑制するという，*in vitro* での結果が報告されている。しかしアビガンやイベルメクチンについて，現時点で COVID-19 の予防的効果および発症後の治療効果を示す十分なヒトでの実験結果は報告されていない。前述の結果から考えると，今すぐにでも COVID-19 患者に投与した方が良いと考えてしまう気持ちは分からなくはない。ここで生命科学の断絶を意識すると，現時点でアビガンやイベルメクチンを使うことはリスクしかないことが容易に理解できるであろう。すなわち，分子レベルで理論上効果があったとしても，ウイルス種間の比較や生体内での薬剤活性という別の階層においてポジティブな結果が得られることは保証されない。また試験管内の培養細胞に感染したウイルスの増殖を抑制できたとして，抑制に有効な濃度が生物個体に投与可能で，かつ安全であるかは全く別の階層での議論である。この階層ごとの差異や必要な議論を理解しない者が，ないしは理解した上で火に油を注ぐ者が，COVID-19 との戦いにおいて表舞台に多く現れた。生命科学を単純に理解しない一般市民であれば，生命科学者からのサイエンスコミュニケーションによって，非科学的な議論の火を消すことができたかもしれない。しかし厄介なことに，この非科学的な議論の火を消すべき専門家の中に，生命科学の分断を理解しないものがコンタミしており，議論に油を注いでしまった。陰謀論めいたことをほのめかす専門家，それもアカデミアにおいてある程度の地位にある者が少なくなかったことは，残念としか言いようがない。サイエンスコミュニケーションという観点から，また今後の生命科学の発展のために，階層ごとの断絶に向き合うときが来たのかもしれない。

アビガンやイベルメクチン以上に非科学的な議論が繰り返されている，というよりもはやサイエンスではなくイデオロギーになりつつあるのが，PCR 検査に関する議論である。議論の詳細についてここでは述べないが，その論点は以下の 2 つに集約されると思われる。

1. PCR 検査に偽陽性や偽陰性は生じ得るか否か。
2. PCR 検査の対象者をどこまで拡大すべきか。

生命科学の階層ではいずれも感染症学や臨床医学の管轄となる領域の論点であり，これを専門としない生命科学者の意見を鵜呑みにするのは危険であるし，自らの領分も考えずに軽々しく議論に加わるべきではない。しかし PCR という生命科学における基本中の基本となる技術であるためか，様々な分野の生命科学者，つまり感染症学や臨床医学の素人が，まるで玄人のような振る舞いで議論に加わり，PCR 検査をサイエンスからイデオロギーへと変えつつある。筆者自身の専門は微生物遺伝学とはいうものの，臨床とは程遠い分野のため，PCR 検査に関する議論に加わるつもりは一切ない。こうして追加の原稿を書くのもあまり気が進まないのが本音である。しかし一方で，連日マスコミや SNS からサイエンスから変貌した PCR 検査の情報が流れてくるのもストレスであるから，ストレス源が消えることを期待して，筆者の専門の範囲内で PCR 検査について考えてみたいと思う。すなわち，PCR の原理であれば筆者の専門の範囲内といって差し支えないだろうから，PCR 検査に関する論点のうちの 1 つ目である「PCR 検査に偽陽性や偽陰性は生じ得るか否か」についてのみ，PCR の原理から考察する。

2.4 SARS-CoV-2 に対する PCR 検査の材料と方法

PCR 検査の偽陽性・偽陰性の原因について考察する前にまず，SARS-CoV-2 を検出するための PCR 検査の材料と方法について，国立感染症研究所の『病原体検出マニュアル』およびアメリカ疾病対策センター (CDC) の『Information for Laboratories about Coronavirus (COVID-19)』に基づき，簡単に説明する。なおここでいう「簡単に」とは，本書の本文を理解していれば容易に理解できる程度とする。

大まかな PCR 検査の流れは以下のようなものである。

1. SARS-CoV-2 感染が疑われる患者由来の検体を前処理する。
2. 前処理された検体から RNA を抽出・精製する。
3. RT-qPCR によって陽性・陰性を判定する。

なお RT-qPCR ではなく nested PCR という方法を用いる方法もあるが，精確さに欠ける上に一度に処理できる検体数が少ないからここでは割愛する。また PCR 検査のキットによっては RNA の抽出・精製を必要としないこともある。

検体の前処理と抽出・精製は本書 2.1.2 の内容に関連する操作である。検体として用いられるものは痰，気管吸引液，鼻咽頭ぬぐい液，唾液などであるが，そのままでは粘性が高い，多量の不純物を含むといった問題がある。例えば粘性の高すぎる痰の内部に含まれるウイルス RNA を抽出するのは難しいだろうし，唾液は採取前の食事に由来する不純物が含まれているだろう。ウイルス RNA を保護し得る粘性という壁を壊し，水に不溶の成分は予め除去しておくことが必要である。

RNA の抽出・精製については本書は解説していないから，ここで補足を加える必要があろう。RNA の抽出・精製のイメージは「非常に丁寧に DNA を抽出・精製する」である。RNase の混入に細心の注意を払い，また RNA 抽出用に pH などが最適化されたバッファーなどを用いれば，DNA と同様に抽出・精製することができる。ただし PCR 検査の現場ではカラム抽出と呼ばれる簡便かつ精製度の高い方法が用いられているようである。カラム抽出は精製したい物質に可逆的かつ特異的に結合する膜を用いる方法である。この特殊な膜で様々な物質を含む液を濾過すると，精製したい物質だけが膜に結合するから，濾液を捨てた後で膜を処理して結合を解けば，精製したい物質だけを回収できるという仕掛けである。この特殊な膜が組み込まれた 0.6 mL 程度の容量の筒はスピンカラムと呼ばれ，物質の精製に必要なバッファーとまとめてキット化されているから，簡便に精製度の高いサンプルを得ることができる。

カラム抽出によって精製された RNA は，RT-qPCR の鋳型として用いられる。RT-PCR と RT-qPCR については本書 1.2 を参照してほしい。ここでは SARS-CoV-2 の検出に用いられるプライマーなどについて説明する。SARS-CoV-2 の検出にあたっては，以下の 2 組のプライマーが用いられる。

N セット（増幅産物の長さ：128 bp）

Forward プライマー：N_Sarbeco_F1 5′-**CACATTGGCACCCGCAATC**-3′

Reverse プライマー：N_Sarbeco_R1 5′-**GAGGAACGAGAAGAGGCTTG**-3′

N セット No.2 (N2 セット，増幅産物の長さ：158 bp)
Forward プライマー： NIID_2019-nCOV_N_F2 5′-**AAATTTTGGGGACCAGGAAC**-3′
Reverse プライマー：NIID_2019-nCOV_N_R2 5′-**TGGCAGCTGTGTAGGTCAAC**-3′

各プライマーの結合部位は付録に示したので参照してほしい。また，検体中のヒト由来 RNA [*51]を、PCR の正常な進行を確認するポジティブコントロールとして検出するために，以下のプライマーも用いられる。

RNaseP セット（増幅産物の長さ：65 bp）
Forward プライマー：RP-F 5′-**AGATTTGGACCTGCGAGCG**-3′
Reverse プライマー： RP-R 5′-**GAGCGGCTGTCTCCACAAGT**-3′

なおヒト由来 RNA のポジティブコントロールは『病原体検出マニュアル』では必要とされていないようである。ポジティブコントロール用のヒト由来 RNA そのものをセットに含むキットの存在を確認しており，おそらく臨床の現場では省略されることもあるのだろうと推察している。これらのプライマーを用いてまず，各組のプライマーで挟まれた，SARS-CoV-2 RNA およびヒト由来 RNA の各領域のみを逆転写 (Reverse Transcription, RT) して，PCR 可能な DNA に変換する。RT では 1 コピーの RNA からそれぞれ 1 コピーの各領域の DNA 断片が生じる。ここで生じた DNA 断片は，この後に続く qPCR の鋳型となり，RT と共通のプライマーで増幅される。

qPCR にはいくつかの方法があるが，SARS-CoV-2 の PCR 検査では TaqMan プローブ法という方法が用いられている。TaqMan プローブ法とは，プローブ (probe) と呼ばれる，プライマー同様に特定の塩基配列に結合するポリヌクレオチドを Forward プライマーと Reverse プライマーの間に設計し，プローブの分解量を元に PCR による DNA 断片の増幅をリアルタイムで定量する方法である。*Taq* ポリメラーゼが一般的な DNA ポリメラーゼの持つ 3′ → 5′ エキソヌクレアーゼ活性を持たないことを本書 2.2.1 で述べたが，実は *Taq* ポリメラーゼは逆方向の 5′ → 3′ エキソヌクレアーゼ活性を持っている。つまり *Taq* ポリメラーゼは鋳型鎖の上を進むとき，進行方向の鋳型鎖に結合したポリヌクレオチドを分解する，除雪車のような機能を持っている。この *Taq* ポリメラーゼの活性を応用したのが TaqMan プローブ法である。*Taq* ポリメラーゼによって分解されると蛍光を発するよう設計されたプローブを用いることで，プローブが分解されるほど，つまり DNA 断片が増幅されるほど，強い蛍光が発せられる。この蛍光強度を測定することで，PCR によ

[*51] RNA 分解酵素 RNaseP のサブユニットである，p30 というタンパク質 (RPP30) の mRNA がコントロールとして用いられている。

表 2　SARS-CoV-2 を検出する PCR 検査のサーマルサイクルの例

繰り返し回数	段階	温度	時間	備考
1 回	逆転写	50°C	30 分	一本鎖 RNA を二本鎖 DNA に変換する。プライマーのアニーリングも同時に行う。
1 回	変性	95°C	15 分	二本鎖 DNA を解離する。RTase を失活させる処理も兼ねる。
45 回	変性	95°C	15 秒	二本鎖 DNA を解離する。
	伸長	60°C	60 秒	DNA を合成し蛍光強度の変化を測定する。プライマー等のアニーリングも同時に行う。

る DNA 断片の増幅をリアルタイムで定量することができる。前述の各プライマーセットに対応したプローブ[*52]は以下のものである。

N セットプローブ：N_Sarbeco_P1 5′-**ACTTCCTCAAGGAACAACATTGCCA**-3′
N2 セットプローブ：NIID_2019-nCOV_N_P2 5′-**ATGTCGCGCATTGGCATGGA**-3′
RNaseP セットプローブ：RP-P 5′-**TTCTGACCTGAAGGCTCTGCGCG**-3′

各プローブの結合部位も付録に示したので参照してほしい。なお，以上の RT-PCR および qPCR は 1 ステップ，つまり同じチューブの中で完結する。すなわち，ここで用いる PCR の反応液の組成は，プライマーおよびプローブと鋳型となる RNA に加え，逆転写によって RNA を DNA に変換する RTase，DNA を合成する *Taq* ポリメラーゼ，DNA の材料である dNTP，RT-PCR およびリアルタイム PCR の両方に対応した PCR 用緩衝液，というものである（参考：図 13）。またサーマルサイクルは表 2 に示したように，RT の後に通常の PCR のサーマルサイクルを行う，というものである。

このようにして RT-qPCR を行い，40 サイクル以内に SARS-CoV-2 由来の DNA 断片の増幅が確認できた場合，陽性となる。なお N セットのプライマーおよびプローブを用いた場合は 7 コピー，N2 セットのプライマーおよびプローブを用いた場合は 2 コピーが，SARS-CoV-2 RNA の検出限界であることが実験的に示されている。陽性・陰性の判定のためのいくつかのトラブルシューティングがあるようだが，PCR の原理から大きく逸脱するためここでは割愛する。

[*52] 本来であればプローブを標識した蛍光色素についても配列の情報に記すが，簡単のため割愛した。

2.5 PCR 検査の偽陽性・偽陰性の分類

偽陽性・偽陰性と十把一絡げに議論がなされているが，実際には偽陽性・偽陰性にはいくつかのパターンがある。このパターンを理解することが，偽陽性・偽陰性の原因を考える上での最初のステップであろう。RT-qPCR 装置には解析結果の精確さを判定するための機能があるが，RT-qPCR に馴染みのない人にはイメージしにくい機能となっている。そこで本書では，RT-qPCR の結果増幅された DNA 断片を，電気泳動によって分子量ごとに分離した場合を考える（図 18）。

電気泳動とは電場をかけたゲルの中で，電荷を持つ分子をその大きさや形状，電荷の違いなどによって分離する方法である。DNA は負電荷を持つから，ゲルの陰極側に注入して電場をかければ，ゲルの陽極側に向かって移動する。ゲルは分子レベルで篩状になっているから，長い DNA ほど移動しづらく，短い DNA ほど移動しやすい。よって DNA を注入したゲルの位置からの移動度によって，DNA をその長さごとに分離することができる。すなわち RT-qPCR 後の反応液をすべて電気泳動すれば，RT-qPCR によって増幅の確認された DNA 断片の実際の全長や，非特異的な増幅の有無などが確認できるはずである。

図 18 は RT-qPCR 後のサンプルを電気泳動した結果のイメージを示したものである。検体 A から H までの 8 検体について，それぞれ RT-qPCR を行い，SARS-CoV-2 配列を認識するプライマーセット（N セットまたは N2 セットのいずれか一方）の反応液と，ヒト由来 RNA 配列を認識するプライマーセット（RNaseP セット）の反応液を電気泳動した想定である。上下に 2 つ並べた大きな長方形はゲルを，ゲルの上端に 8 個並んだ小さな長方形は DNA の注入位置（ウェル）を，ゲル中の黒色または灰色の太線はサイズごとに分離された DNA（バンド）を，それぞれ示す。またこの図は，縦に同じ検体の電気泳動結果が並ぶように作成してある。あくまでイメージであり，電気泳動の諸条件や DNA 断片の大きさなどは一切考慮していないこと，またこれ以外のパターンもあり得ることを念の為断っておく。この図において，確実に陽性と言えるのは検体 A のみであり，陰性である可能性が高いのは検体 B のみである。検体 C，D，E は偽陽性の可能性が高く，また検体 F，G，H は偽陰性の可能性が高いから，検体を再び採取し，再検査する必要がある。それぞれの検体の結果について，順に解説していく。

検体 A は確実に陽性と言って差し支えないだろう。SARS-CoV-2 認識プライマーとヒト由来 RNA 認識プライマーのいずれを用いた場合でも，正しい増幅産物のみが生じている。よって最適条件で PCR が行われ，検体に SARS-CoV-2 由来 RNA とヒト由来 RNA の両方が含まれていたと考えられる。なお重要なこととして，PCR 検査で陽性だからと

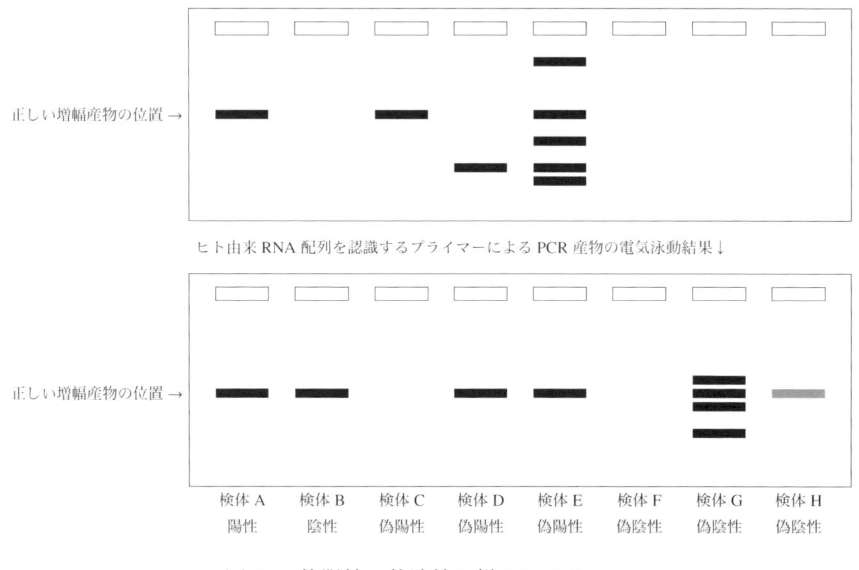

図 18　偽陽性・偽陰性の様々なパターン

いって「SARS-CoV-2 に感染」「COVID-19 を発症」などと診断される訳ではない。診断は医師免許を持つ者にのみ国によって許可された特権である。PCR 検査のキットの添付文書*53 にも「重要な基本的注意」として，PCR 検査の結果だけでなく臨床症状も含めて医師が総合的に診断するよう書かれている。検体 A の患者は医師の診断に基づく指示に従い，治療や隔離がなされる必要がある。

検体 B は陰性である可能性が高い。SARS-CoV-2 認識プライマーでは一切の増幅産物が生じなかった一方で，ヒト由来 RNA 認識プライマーを用いた場合に正しい増幅産物のみが生じている。よって最適条件で PCR が行われ，検体にヒト由来 RNA のみが含まれていたと考えられる。しかしながら，検体の採取時に何らかの不都合があり SARS-CoV-2

*53 添付文書という表現から分かると思うが，これは医薬品である。すなわち SARS-CoV-2 感染を一定以上の精確さで判別できることが国に認められた品である。医薬品と研究用試薬はたとえ組成が同じであっても国に認可されたか否かという大きな違いがあるため，法的な面から研究用試薬は診断に用いてはならない。研究用試薬は国に認可されていないので必ず「医療行為に用いてはならない」旨が記載されている。筆者の所属する研究室は RT-qPCR そのものは機器や試薬の面で可能だが，医薬品や医療機器はほとんどないため，国が何らかの特例法でも施行しない限り PCR 検査はできない。だからいわゆる野良 PCR 検査は法的にどのような扱いなのか不思議に思っている。眼鏡屋の視力測定と同じような扱いなのだろうか？

由来RNAが含まれなかった可能性や，SARS-CoV-2認識プライマーにとって何らかの不都合があった可能性は否定できない。ゆえに「陰性である可能性が高い」という曖昧な言い方しかできない。全てのPCRに言えることだが，PCRはその原理的に「特定の配列のDNAが存在すること」を証明するのには向いているが，「特定の配列のDNAが存在しないこと」を証明するのには向いていない。存在するものは増やせるので検出して証明することができるが，存在しないものは増やせないので検出できず，いわゆる「悪魔の証明」に陥ってしまう。ゆえに定期的にPCR検査をしたところで，それは安心には繋がらないし，陰性証明に意味はない。PCR検査のキットの添付文書にもやはり「重要な基本的注意」として，PCR検査の結果が陰性であってもSARS-CoV-2感染は否定できないと書かれている。検体Bを提供した人はこの結果に油断せず，引き続き基本的な感染予防を徹底する必要がある。複数人でのカラオケや飲食などをリスクの検討なしにしてはいけない。

検体Cは陽性である可能性が高いとは言えるものの，偽陽性の疑いも否定できない。SARS-CoV-2認識プライマーでは正しい増幅産物のみが生じた一方で，ヒト由来RNA認識プライマーを用いた場合に一切の増幅産物が生じていない。ポジティブコントロールが成立していないため，最適条件でPCRが行われたかが定かではなく，PCRの信頼度に欠ける。また検体中にSARS-CoV-2由来RNAのみが含まれ，ヒト由来RNAが含まれていなかったとすると，検体の採取方法が正しいものであったのか，どこかでコンタミしたのではないか，といった疑いが生じる。よって即座に陽性と判断するのは危険であり，検体の採取からやり直した方が良い。

検体Dと検体Eは陽性とも陰性とも言い難いが，プローブが反応してしまった場合は陽性となるだろうから，偽陽性に分類した。ヒト由来RNA認識プライマーを用いたポジティブコントロールは正常であるが，SARS-CoV-2認識プライマーでは長さの異なる増幅産物が生じている。これは非特異的な反応が起きたことを示しており，PCR検査の偽陽性の主要なものはこれだと考えられる。なおTaqManプローブ法を用いたRT-qPCRは，このパターンの偽陽性の可能性はかなり低い。プライマーとプローブの両方が非特異的に反応してしまう可能性は極めて低く，いずれか一方が特異的に機能すれば陰性に見えるだろう。よって検体DとEが陽性と判定されるのは相当な不幸が重なったときのみだと考えられる。このような非特異的な反応が起きてしまった場合も安易に陽性・陰性を判定せず，検体の採取からやり直して信頼できる結果を得ることが必要である。

検体Fは典型的な偽陰性である。SARS-CoV-2認識プライマーとヒト由来RNA認識プライマーのいずれを用いた場合でも，一切の増幅産物が生じていない。これは検体が不適切な方法で採取されたために一切のRNAが回収されなかったか，PCRの条件が不適切であったために反応が進まなかったと考えられる。検体中のヒト由来 RNA をポジティブコントロールとして確実に用いていれば偽陰性を見抜いて再検査することができるが，何らかの事情で省略された場合，これを見抜くのは困難である。

検体 G と検体 H は陰性である可能性が高いが，偽陰性の疑いも否定できない。いずれの検体も SARS-CoV-2 認識プライマーでは増幅産物が生じていないものの，ヒト由来 RNA 認識プライマーを用いた場合について，検体 G では非特異的な増幅産物が生じており，また検体 H では十分に増幅されていない。検体 C の場合と同様にポジティブコントロールが成立していないから，最適条件で PCR が行われたかが定かではない。さらに検体 H では検体の採取や保存などに問題があったために，検体中に十分量の RNA が含まれていなかった可能性も考えられる。検体の採取方法の変更も含めて検討し，再検査する必要があるだろう。

偽陽性・偽陰性は見抜こうと思えば見抜くことは可能だと筆者は考える。しかしながら，用いているキットの仕組みや，RT-qPCR 装置の性能，提供された検体の質，そして何より PCR の原理的な限界によって，いつでも精確な結果が得られる訳ではないし，いつでも偽陽性・偽陰性を見抜けるとも限らないだろう。

2.6　PCR 検査の偽陽性・偽陰性の原因として考えられるもの

PCR は最適条件でサーマルサイクルに持ち込むことさえできれば，感度と特異度も共にほぼ 100% と言って良いことを最初に断言しておく。最適条件で PCR 検査が行われる限り，偽陽性も偽陰性も考えなくて良いだろう。しかしこの最適条件というものが厄介である。前の小節に記したが，少しでも最適条件を外せば非特異的な PCR 産物が生じ，あるいは一切 PCR 産物が得られないという状況に容易に陥る。そこで PCR の原理的な面から，サンプルに由来する偽陽性・偽陰性の原因として考えられるものと，その対策についてここでは考察していきたい。なおここでは「コンタミ」については考えない。野良 PCR 検査のアルバイトであればコンタミさせるかもしれないが，臨床検査技師の方はプロであり，コンタミなどという野暮なことを検討するのは失礼であろう。

2.6.1　検体中のプライマー様の核酸の存在

プライマーは 15〜30 塩基の長さの一本鎖 DNA である。これは DNA を切断すればいくらでも生じてくる物質である。また本来 DNA ポリメラーゼは細胞内で RNA をプライマーとして用いているから，RNA が切断された場合もプライマーのような物質が多量に生じる。このような短い断片の核酸が PCR の反応液に存在した場合，偽陽性・偽陰性の原因になると考えられる。PCR のプライマーは特異的な結合を担保するためにある程度の長さを持っているが，細胞内の DNA や RNA が切断されて生じた場合はそうとは限らない。すなわち短い DNA 断片などがプライマーのような働きをする可能性があり，これは非特異的反応に繋がる。非特異的反応は偽陽性に繋がるだけでなく，本来の正しい PCR を競争的に阻害する可能性があるから，偽陰性の原因にもなり得る。実際に，6 塩基の長さでランダムな配列のプライマーの混合物であるランダムヘキサマーという試薬がある。これは無差別に RNA を逆転写するのに用いられる試薬である。このことからも，短い DNA 断片などが存在すると PCR に影響があることは明らかである。

これを防ぐには検体から RNA を精製するときに酢酸アンモニウムを用いると良い。エタノールで核酸を沈澱させるときに酢酸アンモニウムを用いると，50 塩基以下の長さの核酸を除去することができる。おそらくカラム抽出キットに付属するバッファーには酢酸アンモニウムが含まれており，検体中のプライマー様の核酸を除去しているものと推察される。

2.6.2 検体中の核酸の濃度

PCR で検出される，検体中に含まれる核酸の濃度というものも重要な PCR の条件の一つである。特に PCR の鋳型である DNA の濃度が重要であり，低濃度でも高濃度でも PCR は進行しない。

低濃度であれば PCR が進行しないのはイメージしやすい。SARS-CoV-2 の PCR 検査の検出限界が 2〜7 コピー程度とされることは前に述べた。つまりリアルタイム RT-PCR の反応液中に 1 コピーのみ SARS-CoV-2 由来 RNA が含まれた場合，これは検出できない可能性がある。とはいえ 1 コピーだけ RNA が含まれるという状況は意図しない限り稀であるから，低濃度が原因で PCR が進行しないことはあまり問題ではないし，ウイルスの増殖場所を考慮して検体を採取すれば良いだけのことである。

問題となるのは，意外ではあるがあまりに高濃度の DNA が反応液に含まれた場合である。反応液中に含まれる dNTP やプライマーに対して，鋳型 DNA が過剰に含まれていた場合，図 15, 16, 17 に示したサーマルサイクルのパターンのうち，図 15 のパターン A や図 16 のパターン B で dNTP やプライマーが枯渇することがある。これは図 17 のパターン C，つまり連鎖反応がほぼ起きないことを意味するから，PCR ではなく PR，ポリメラーゼ反応になってしまう。その結果，指数関数的な DNA 断片の増幅が起きなくなり，せいぜい鋳型 DNA が数倍に増える程度で反応が終了してしまうから，検出することはほぼ不可能になってしまう。これを防ぐためには，検体の RNA 濃度をあらかじめ測定しておくか，検体を段階希釈して用いれば良いだろう。

2.6.3 検体中の金属イオン濃度や pH

PCR の反応液を構成する要素の一つとして PCR 用緩衝液を本書 2.2.1 で説明した。PCR 用緩衝液は *Taq* ポリメラーゼの活性を維持し，プライマーの特異的なアニーリングに寄与する働きがある。この働きは K^+ や Mg^{2+} といった金属イオンや，緩衝液としての低 pH の維持機能によるものであるが，金属イオンは生体内にも豊富であるし，体液は弱塩基性である。すなわち検体から緩衝液の許容量を上回る金属イオンや塩基が持ち込まれた場合，PCR に影響が生じると考えられる。通常は許容量を上回ることはほぼないからあまり問題にされていないのだろうが，検体採取前の飲食物や生活習慣，持病によっては許容量を上回る可能性も否定できない

緩衝液の許容量を上回った場合，特にプライマーやプローブのアニーリングについて致命的なものとなる可能性がある。プライマーが鋳型 DNA に結合するときの温度は T_m であるが，本書 2.1.1 では 3 種類の T_m を求める式を紹介した。またこの他にも T_m を求める式は存在するらしく，同じプライマーでも用いるソフトウエアによって異なる T_m となることはよくある。なぜ同じプライマーでも様々な T_m が存在するかというと，緩衝液中の金属イオン濃度や pH によって厳密な T_m が変わってくるからである。すなわち，検体から持ち込まれた金属イオンや塩基の量によっては PCR の条件が変化してしまい，プライマーやプローブが非特異的な振る舞いをする可能性がある。これを防ぐためには検体から RNA をエタノールなども用いて丁寧に精製すれば良い。しかし PCR 検査能力の向上を目指して，RNA 精製を必要としないキットの需要が高まり，普及しているのも事実である。そのようなキットがどこまで検体中の金属イオンや塩基に耐えられるのか，検討が必要かもしれない。

2.6.4 その他

最後に PCR の原理とはあまり関係のない，タンパク質変性剤とウイルスの変異について考える。

RT-qPCR 反応液に含まれる RTase と *Taq* ポリメラーゼはタンパク質であるから，当然これを変性させるような物質が検体から持ち込まれれば偽陰性の原因となる。様々な物質がタンパク質変性剤として考えられるが，COVID-19 関連のニュースで取り上げられたものの一つであるポビドンヨードは酸化剤であるから，*Taq* ポリメラーゼなどを変性させるかもしれない[*54]。タンパク質変性剤の混入が疑われるサンプルは，手間でも一旦精製

[*54] ポビドンヨードを PCR 反応液に加えたことはないので，実際のところはよく分からないことを断っておく。いずれにせよ，検体の採取前にうがいをしたらウイルス RNA が洗い流されて

してから PCR 検査を行う必要があるだろう。

また変異ウイルスの拡大が最近の問題となっているが，変異の仕方によっては PCR 検査で検出することができなくなる。プライマーがプライマーとして機能するためには，3′ 末端側が鋳型鎖にしっかりとアニーリングすることが必要である。逆に言うと，3′ 末端側がアニーリングできなければプライマーはプライマーとして機能しない。すなわち，プライマーの 3′ 末端側の結合部分に変異が入ってしまうと，たとえ 1 塩基の変異であってもそのプライマーで PCR 検査をすることはできなくなる[*55]。具体的に，N セットの前方プライマーで考える。このプライマーは，

N_Sarbeco_F1 5′-**CACATTGGCACCCGCAATC**-3′

という配列である。この配列のうち，特に 3′ 末端側の AATC などが重要であるから，SARS-CoV-2 の RNA 配列中でここが AATA などと変異すると，N_Sarbeco_F1 を用いた PCR による DNA 断片の増幅はおそらく不可能になる。これを回避するためには，変異が発見されるまでは複数セットのプライマーを用いた PCR 検査の徹底をすれば良い。SARS-CoV-2 の変異頻度から考えて，複数箇所のプライマーが同時に使用不能となる可能性は極めて低いからである。また変異の発見後はプライマーの配列を変異に合わせて変えれば良い。プライマーさえ適切に設計すればどんな DNA でも増幅可能であることが PCR の強みの一つである。

2.7 PCR 検査に関する筆者の考え方

筆者の専門とは全く異なる階層の議論であるから気が進まないが，あまりに筆者に近い専門家の意見が酷く，生命科学の基礎研究に関わるものが全て同じ意見だと思われては迷惑であるから，PCR 検査に対する私見を記しておく。

しまうから正しい結果は期待できない。

[*55] 逆に言うと，たとえ 1 塩基の変異であっても PCR で識別することが可能である。ウイルス RNA 上の変異した部分をプライマーの 3′ 末端が踏むようにピンポイントでプライマーを設計するのである。(A) 従来ウイルスでは増幅するが変異ウイルスでは増幅しないプライマーセット，(B) 変異ウイルスでは増幅するが従来ウイルスでは増幅しないプライマーセット，(C) いずれのウイルスでも増幅するプライマーセット，の 3 種類のプライマーセットを用意する。C をポジティブコントロールとして，A と B のどちらで DNA の増幅が確認できるかを調べる。A と C で増幅すれば従来ウイルス，B と C で増幅すれば変異ウイルスと判定できる。ただしこの PCR はプライマーの設置場所を変異箇所以外に選べないため，適切なプライマーを設計することが難しいし，多少条件的に不利なプライマーでも強行する羽目になる。また PCR の条件を厳密に制御する必要があるため，RNA の精製が必須である。

PCR 検査，すなわち RT-qPCR は，PCR と名のつく実験では最も精確さと難しさの高い実験である。ゆえに正しく用いれば強力な武器となるが，使い方を少しでも誤れば何の役にも立たない。仮に本書に記した課題が克服され，感度と特異度もほぼ 100% とすることを達成できても，「誰でもいつでも何度でも PCR 検査」はすべきではないと考えている。理由は単純で，資源の無駄だからである。

コンタミがなく，かつ精確な PCR 検査を実施するためには相当量の消耗品が必要である。検査試薬はもちろん，微量のサンプルを調製するチューブ，マイクロピペットにつけるチップ，使い捨ての手袋や作業衣などが消耗品として挙げられる。実際にチューブやチップのプラスチック製品は品薄の状態が続いており，筆者の所属する研究室でも数か月間チップが納品されないことがあった。チップほど極端でないにしろ，様々な消耗品の納期が遅れがちな状況は続いている。また毎回交換する必要はないが，RT-qPCR 装置や全自動核酸抽出機にしても，ある程度の使用回数を目安に交換が必要なパーツが複数存在する。これらの PCR 検査に必要な消耗品を日本は自給自足できているかというと，そうではない。国際的な需要の高まりの中で何とか確保した消耗品を，無駄遣いすることは許されない。すなわち，限りある資源を最も効率的に使うにはどうすればいいか，考える必要がある。この視点に立ってみると，感度と特異度が 100% であったとしても，「誰でもいつでも何度でも PCR 検査」は感染拡大を抑えるための十分条件かもしれないが，必要条件ではない。もっと他に必要な条件があるはずである。

限りある資源を最も効率的に使い，また精確な PCR 検査を担保するという観点で，日本の感染症の専門家がパンデミック初期に採用したクラスター対策と，密接・密集・密閉の回避の呼びかけ，手洗いの励行というのは，最適解に近いのではないかと筆者は感じている。この戦略は一般市民にはクラスターと接触する可能性をできる限り低くしてもらう一方で，クラスターとその接触者に重点的に PCR 検査を行う[*56] というものであるから，PCR 検査という資源を効率的に使うことができるはずである。また各自が感染しないことは，感染拡大を抑えるための必要条件であろう。

以上が筆者の PCR 検査に対する私見である。様々な意見があることは重々承知している。また筆者は感染症対策や臨床医療が専門ではないから，PCR 検査についてこの小節

[*56] 遺伝学で用いられる変異体を単離する定石そのものである。ある遺伝子に異常の生じた変異体を単離しようとしたとき，普通はいきなり遺伝子の異常を直接検出したりはせず，まずは表現型を解析して候補を絞る。そして候補を絞った上で，遺伝子の異常を PCR などによって確認するのが定石である。遺伝学では解析対象のサンプルが膨大になりがちであり，コストを考えると全てのサンプルの DNA を調べるのは現実的ではないのである。つまり無差別に PCR 検査を全員に何度も行うのではなく，感染している可能性の高い人に集中して PCR 検査を行うというのは，昔ながらの遺伝学の強力なアプローチと同様であると考えられる。

に記したことは素人の意見と大した差はない。唯一言えることは，相反する意見も含めて様々な意見を吸収した上で比較し，自らにできることを考え行動する必要があるということである。mRNA ワクチンという最先端の生命科学が生んだ強力な武器のおかげで，COVID-19 のパンデミックには出口が見えつつある。出口を抜けるまで油断せず，様々な角度から敵への理解を深め，正しく判断し，敵に打ち勝つための行動を続けてほしい。

おわりに

PCR は生命科学の研究に欠かすことのできない技術のひとつである。ここまで PCR について，開発と発展の歴史，現在の用途，PCR を行うための準備，サーマルサイクル，そして SARS-CoV-2 の PCR 検査について順に記してきた。私がこの本を通して一番伝えたかったことは，生命科学をはじめとする自然科学の面白さだが，どこまで伝えることができたか，非常に不安である。

前半の "歴史と用途" を書く過程では，PCR を何気なく行ってきた私自身も知らないことが多くあった。良い学びの機会を与えていただいたことを感謝している。また学んだことをできる限り記そうとした結果，自然科学系の本としてはあまり見たことのない 120 年あまりに亘る年表が出現してしまった。この年表に記された時代，特に Watson と Crick の登場前後は，物理学で例えるなら Newton の時代のような，生命科学が大きく発展した時代である。PCR から逸脱しすぎるのも良くないので割愛した発見も非常に多くあるが，それらも現代の生命科学を支えている。ぜひ年表の欠失を修復することに挑戦していただきたい。生命科学の興味深い歴史を見ることができるはずである。後半の "PCR の手順" は，様々な実験書と自分の実験ノートを比べながら，図を多用して実際の操作を思考実験できるように記したつもりである。また実験書では省略されがちな操作の意味もできる限り説明した。その結果として化学的な内容がかなり入っている。PCR そのものを理解するのにはあまり必要がなさそうなものは脚注に収めるようにしたが，生命現象の面白さの一端はそこにもあると私は思っている。化学的に考えると一見あり得ないように見えるが，実は化学的に合理的な反応，というものを生き物は行い，生きている。これらを分かった上で身の回りの生命現象を見れば，今までとは違う面白い世界が広がっているのではないだろうか。そして第 2 版の発行にあたって追加した "SARS-CoV-2 の PCR 検査" では，PCR の原理的な側面から偽陽性・偽陰性について考察した。PCR 検査に関する議論がもはや周回遅れとなったタイミングでの執筆となったが，PCR 検査への正しい理解を深める助けに本書がなれば幸いである。

PCR という生命科学の技術の一つについて記しただけの本であるが，これを通して生命科学に興味を持っていただければ嬉しい。

参考文献

[1] Bruce Alberts et al. Essential 細胞生物学. 3rd ed. 南江堂, 2011.

[2] Peter Atkins and Julio de Paula. アトキンス 物理化学要論. 6th ed. 東京化学同人, 2016.

[3] Weiss B. and Richardson CC. "Enzymatic breakage and joining of deoxyribonucleic acid, I. Repair of single-strand breaks in DNA by an enzyme system from Escherichia coli infected with T4 bacteriophage." In: *Proc. Natl. Acad. Sci. U. S. A.* 57.4 (1967), pp. 1021–1028.

[4] Kathy Barker. アット・ザ・ベンチ——バイオ研究完全指南. アップデート版. メディカル・サイエンス・インターナショナル, 2005.

[5] H. Chen et al. "Nucleotide sequence and deletion analysis of the polB gene of *E.coli*". In: *DNA Cell Biol.* 9 (1990), pp. 613–635.

[6] J.E. Galagan et al. "The genome sequence of the filamentous fungus *Neurospora crassa*". In: *Nature* 422.6934 (2003), pp. 859–868.

[7] TENER GM. et al. "Studies on the chemical synthesis and enzymatic degradation of desoxyribo-oligonucleotides." In: *Ann. N. Y. Acad. Sci.* 81 (1959), pp. 757–775.

[8] Smith HO. and Wilcox KW. "A restriction enzyme from Hemophilus influenzae. I. Purification and general properties." In: *J. Mol. Biol.* 51.2 (1970), pp. 379–391.

[9] Weier HU. and Gray JW. "A programmable system to perform the polymerase chain reaction." In: *DNA* 7.6 (1988), pp. 441–447.

[10] *Information for Laboratories about Coronavirus (COVID-19)*. Updated Mar. 28, 2021. `https://www.cdc.gov/coronavirus/2019-nCoV/lab/index.html`.

[11] Kleppe K. et al. "Studies on polynucleotides. XCVI. Repair replications of short synthetic DNA's as catalyzed by DNA polymerases." In: *J Mol Biol.* 56.2 (1971), pp. 341–361.

[12] Mullis KB. and Faloona FA. "Specific synthesis of DNA in vitro via a polymerase-catalyzed chain reaction." In: *Methods Enzymol.* 155 (1987), pp. 335–350.

[13] F.C. Lawyer et al. "Isolation, characterization, and expression in *Escherichia coli* of the DNA polymerase gene from *Thermus aquaticus*". In: *J. Biol. Chem.* 264.11 (1989), pp. 6427–6437.

[14] Michael T. Madigan, John M. Martinko, and Jack Parker. Brock 微生物学. オーム社, 2003.

[15] Olson MV. "Human genetics: Dr Watson's base pairs." In: *Nature* 452.7189 (2008), pp. 819–820.

[16] Saiki RK. et al. “Enzymatic amplification of beta-globin genomic sequences and restriction site analysis for diagnosis of sickle cell anemia.” In: *Science* 230.4732 (1985), pp. 1350–1354.

[17] Saiki RK. et al. “Primer-directed enzymatic amplification of DNA with a thermostable DNA polymerase.” In: *Science* 239.4839 (1988), pp. 487–491.

[18] Kazuya Shirato et al. “Development of Genetic Diagnostic Methods for Detection for Novel Coronavirus 2019 (nCoV-2019) in Japan”. In: *Japanese Journal of Infectious Diseases* 73.4 (2020), pp. 304–307. DOI: 10.7883/yoken.JJID.2020.061.

[19] Brock TD. and Freeze H. “Thermus aquaticus gen. n. and sp. n., a nonsporulating extreme thermophile.” In: *J Bacteriol.* 98.1 (1969), pp. 289–297.

[20] Kühnlein U., Linn S., and Arber W. “Host specificity of DNA produced by Escherichia coli. XI. In vitro modification of phage fd replicative form.” In: *Proc. Natl. Acad. Sci. U. S. A.* 63.2 (1969), pp. 556–562.

[21] P. C. Winter, G. I. Hickey, and H. L. Fletcher. 遺伝学キーノート. 丸善出版, 2012.

[22] 長倉 三郎 et al., eds. 岩波 理化学辞典. 5th ed. 岩波書店, 1998.

[23] 林 健志, ed. PCR 法の最新技術. 実験医学別冊 バイオマニュアル UP シリーズ. 羊土社, 1995.

[24] 巌佐 庸 et al., eds. 岩波 生物学辞典. 5th ed. 岩波書店, 2013.

[25] 駒野 徹. PCR 実験マニュアル 原理から応用まで. 生物化学実験法 47. 学会出版センター, 2002.

[26] 村松 正明 and 那波 宏之. DNA マイクロアレイと最新 PCR 法 いま，ポストゲノムがおもしろい. 細胞工学別冊 ゲノムサイエンスシリーズ 1. 秀潤社, 2000.

[27] 北條 浩彦, ed. 原理からよくわかるリアルタイム PCR 完全実験ガイド. 改訂新版. 実験医学別冊 最強のステップ UP シリーズ. 羊土社, 2013.

[28] 宗林 由樹 and 向井 浩. 基礎 分析化学. サイエンス社, 2007.

[29] 病原体検出マニュアル 2019-nCoV. Ver.2.9.1. https://www.niid.go.jp/niid/images/lab-manual/2019-nCoV20200319.pdf.

[30] 大木 道則 et al., eds. 化学辞典. 東京化学同人, 1994.

付録

Taq ポリメラーゼと大腸菌のポリメラーゼの比較

現在一般に PCR に用いられる *Thermus aquaticus* 由来の DNA ポリメラーゼである *Taq* ポリメラーゼと，かつて PCR に用いられた大腸菌 (*Escherichia coli*) の DNA ポリメラーゼをアミノ酸配列に対してアラインメントを行い，比較したものを示す。濃くシェーディングされた部分は共通のアミノ酸であることを，薄くシェーディングされた部分は化学的性質が似たアミノ酸であることを示す。いずれも細菌の DNA ポリメラーゼであるが，ほとんど異なるタンパク質であると読み取ることができる。

```
Taq           MRGMLPLFEPKGRVLLVDGHHLAYRTFHALKGLTT     35
E.coli        .......MAQAG..FILTRHWRDTPQGTEVSFWLA     26
consensus                !      *!   *

Taq           SRGEPVQAVYGFAKSLLKALKEDGDAVIVVFDAKA     70
E.coli        TDNGPLQVTLAPQESVAFIPADQVPRAQHILQGEQ     61
consensus         ! !   *   !          *      *

Taq           PSFRHEAYGGYKAGRAPTPEDFPRQLALIKELVDL    105
E.coli        .GFRLTPLALKDFHRQPVYGLYCRAHRQLMNYEKR     95
consensus       !!    *     ! !      !  *

Taq           LGLARLEVPGYEADDVLASLAKKAEKEGYEVRILT    140
E.coli        LREG..GVTVYEADVRPP...ERYLMERFITSPVW    125
consensus     !* *   !  !!!!            !*

Taq           ADKDLYQ.LLSDRIHVLHPEGYLITPAWLWEKYGL    174
E.coli        VEGDMHNGTIVNARLKPHPD...YRPPLKWVSIDI    157
consensus        !        *    !!      !   !

Taq           RPDQWADYRALTGDES.DNLPGVKGIGEKTARKLL    208
E.coli        ETTRHGELYCIGLEACGQRIVYMLGPENGDASSLD    192
consensus          *                  !     !  !

Taq           EEWGSLEALLKNLDRLKPAIREKILAHMDDLKLSW    243
E.coli        FELEYVASRPQLLEKLN....AWFANYDPDVIIGW    223
consensus      !          !  !              !   !

Taq           DLAKVRTDLPLEVDFAKRREPDRERLRAFLERLEF    278
E.coli        NVVQFDLRMLQKHAERYRLPLRLGRDNSELEWREH    258
consensus                    * !      !    !!  !

Taq           GSLLHEFGLLESPKALEEAPWPPPEGAFVGFVLSR    313
E.coli        G.FKNGVFFAQAKGRLIIDGIEALKSAFWNFSSFS    292
consensus     !             *!          !!  !

Taq           KEPMWADLLALAAARGGRVHRAPEPYKALRDLKEA    348
E.coli        LETVAQELLGEGKSIDNPWDRMDEIDRRFAEDKPA    327
consensus      !     !!* *        !  !   * *  ! !

Taq           RGLLAKDLSVLALREGLGLPPGDDPMLLAYLLDPS    383
E.coli        LATYNLKDCELVT......QIFHKTEIMPFLLERA    356
consensus      *        !                   !!
```

```
Taq             NTTPEGVARRYGGEWTEEAGERAALSERLFANLWG   418
E.coli          TVNGLPVDR........HGGSVAAFGHLYFPRMH.   382
consensus             ! !         *!  !!     !

Taq             RLEGEERLLWLYREVERPLSAVLAHMEATGVRLDV   453
E.coli          RAGYVAPNLGEVPPHASPGGYVMDSRPGLYDSVLV   417
consensus       !       !        !   !     *      !

Taq             AYLRALSLEVAEEIARLEAEVFRLAGHPFNLNSRD   488
E.coli          LDYKSLYPSIIRTFLIDPVGLVEGMAQPDPEHSTE   452
consensus            !                   * !    !

Taq             QLERVLFD..ELGLPAIGKTEKTGKRSTSAAVLEA   521
E.coli          GFLDAWFSREKHCLPEIVTNIWHGRDEAKRQGNKP   487
consensus             !      !! !      !     *

Taq             LREAHPIVEKILQYRELTKLKSTYIDPLPDLIHPR   556
E.coli          LSQALKIIMNAFYG.VLGTTACRFFDPR......L   515
consensus       !  !  !         !        !!

Taq             TGRLHTRFNQTATATGRLSSSDPNLQNIPVRTPLG   591
E.coli          ASSITMRGHQIMRQTKALIEAQGYDVIYGDTDSTF   550
consensus             !  !    ! *!

Taq             QRIRRAFIAEEGWLLVALDYSQIELRVLAHLSGDE   626
E.coli          VWLKGAHSEEE.....AAKIGRALVQHVNAWWAET   580
consensus           *!   !!     !               *

Taq             NLIRVFQEGRDIHTETASWMFGVPREAVDPLMRRA   661
E.coli          LQKQRLTSALELEYETHFCRFLMPTIRG...ADTG   612
consensus               *    *!!    !  !  *       *

Taq             AKTINFGVLYGMSAHRLSQELAIPYEEAQAFIERY   696
E.coli          SKKRYAGLIQEGDKQRMVFKGLETVRTDWTPLAQQ   647
consensus        !    !        !

Taq             FQSFPKVRAWIEKTLEEGRRRGYVETLFGRRRYVP   731
E.coli          FQQELYLRIFRNEPYQEYVRETIDKLMAG...ELD   679
consensus       !!     !        !  !        !

Taq             DLEARVKSVREAAERMAFNMPVQGTAADLMKLAMV   766
E.coli          ARLVYRKRLRRPLSEYQRNVPPHVRAARLADEENQ   714
consensus             !  !        ! !    !! !

Taq             KLFPRLEEMGARMLLQVHDELVLEAPKERAEAVAR   801
E.coli          KRGRPLQYQNRGTIKYVWTTTGPEPPG........   741
consensus       !    !    **    !      ! !
```

```
Taq         LAKEVMEGVYPLAVPLEVEVGIGEDWLSAKE   832
E.coli      .LPTFTTGLRTLSDPPATTRGGGNTPFY...   768
consensus          !   !  !     ! !
```

アカパンカビのシトクローム C 遺伝子の配列

本文中で具体例として用いた，アカパンカビ (*Neurospora crassa*) のシトクローム C 遺伝子 *cyc-1* の配列を示す。プライマー設計のような PCR の演習にぜひ用いてほしい。また他の生物種・遺伝子の配列を調べたい場合は，アメリカの NCBI——National Center for Biotechnology Information, 国立生物工学情報センター——https://www.ncbi.nlm.nih.gov/ で検索すると調べることができる。

```
GGAGGGCGTTGCCAGCGAGTGGTTGCCAGCTGTGAGCACATTGAGGACTAAAAAAAAGTTG
GATCAAGATCCTCAGCGTGTTGCGGTGTTCAGCCAGCCAGCTTTCTGGAGACAGCGAGCGC
GGACGCCGGGGGGAGGCTGGCTTGCATGGATTGCACGCTGCAATACTGACTGGCGCCGTGT
GGCCGGGATCCCGTCACTTTCCACTCTTGGTTTGCAACTTTTTTGTTCCTACTATTTCTTA
CGCCTCACCGGAGCTTTTTCTTCCTCTCCCTTTCCCCTTTCCTGTTCTCAGTCATCTCAAC
TTCCAGTATTCCCTATACACCTTTGCGGTTTTAACGCTTCCTCATAAACCAATCAGTCAAA
ATGGGCTTCTCTGCCGGTATGTATCCCACTCTCCTCTCCTCACCCACGCCATGATGCGCAC
GCGCTCTCTTTCTTTTATTGTTGTCTCGGCGGTCCGGCTCGTCAACGTCATCCGCCCGTCC
GCCGGTCTTAGTTTCGCTGGTTGAGCCATTGGGTGTTCGCAATGTCCACATGAGTTGAAGA
AGAGGCTACCACCCCTCGGTCACGGCTTCTTCAGCATCTCCATGGACAGGGCACCTCGAGC
ATGGCCTCGGTTTCCGATCCCGACTCCGATGGTTGCGCGGCATTTTCTCCTTGTTTCGTAA
ACACGATCACTTGACGGAGCGAAATCGCGCCGTCATGGGAGATTGGCCACGTCGGCTTGAG
GCCACGGAGCATGTCTTGCCCTACGACATACTTCCCTCACCACCATCTACCAGATCTCCAG
CCATCAAGGTCTTGCTCCTGGACACCACGACCACGACAGTCGAGGCCGAGACTACCGAGAT
AATATCAGAATGATCAGAGCCGCGCTTTGCTATCTTGCCGATAAACAGCCGTTCTAACCTA
AAACTTGCGACCAGGTGATTCCAAGAAGGGTGCCAACCTCTTCAAGACCCGTTGCGCTCAG
TGCCACACCCTTGAGGAGGGCGGCGGCAACAAGATCGGCCCCGCTCTTCACGGCCTCTTCG
GCCGCAAGACCGGCTCCGTCGACGGCTACGCCTACACCGATGCCAACAAGCAGAAGGGCAT
CACCTGGGACGAGAACACTCTCTTCGAGTACCTCGAGAACCCCAAGAAGTACATCCCTGGT
ACCAAGATGGCCTTCGGTGGTCTCAAGAAGGACAAGGACAGGAACGACATCATCACGTACG
TCATGCGCTGCTCCCCTATATTTGTCACTCAAAAAAAAATGCAAAGCTAACTCGATTTCAC
TCCCACAGCTTCATGAAGGAGGCTACTGCTTAAATGCAATCTGTTTGATGATGGGCGTTGT
```

TCTCGAGGAGTTATGGGACTGTATTAATAAAAAGGGAGATTTTTTTTTTGCATTAGACGGG
CTTGGCACATCCCTCTTCGTTGTTGGACCATAGACTAGACGACTTGTGCTCGGCGATTCTT
GGTTGTTTTTCGACAACCACGATATCTCAAAACCTCCTCTGTATGAAGTTACGAAGAAATA
CCCCATTCCCCCTTACACCCCCTTTCTTGATCCCGTTCCTGCCGTGTATGTATGGTTTGGT
GCTTGACGGTCACGCGAGATTGAAGGCGACAGAGTAATCACTGGTCAGCTTCTTTTGAGCG
TTCAAAAGCGAGGCAGGCATTTTTCAGATTTGATGATGATGTTATAAAGAATGGAGGACTG
TCATATCTAACTGCATTCAAAATACAATAAAGCATCTCTGCTCACGCGATAATTTACATCT
ACCTAACCG

SARS-CoV-2 の PCR 検査に用いられるプライマー等の結合部位

全長 29903 nt の SARS-CoV-2 の RNA のうち，PCR 検査に用いられる 2 組のプライマーおよびプローブの結合部位を含む 28650 nt から 29324 nt までの配列を示す。配列の上に黒線で示した領域が，プライマーおよびプローブの結合部位である。Forward プライマーの名前の後ろには → を，Reverse プライマーの名前の前には ← を書き加えた。

28650 28660 28670 28680 28690
ACAAAGACGGCATCATATGGGTTGCAACTGAGGGAGCCTTGAATA 28694

N_Sarbeco_F1 →

28700 28710 28720 28730
CACCAAAAGATCACATTGGCACCCGCAATCCTGCTAACAATGCTG 28739

N_Sarbeco_P1

28740 28750 28760 28770 28780
CAATCGTGCTACAACTTCCTCAAGGAACAACATTGCCAAAAGGCT 28784

←*N_Sarbeco_R1*

28790 28800 28810 28820
TCTACGCAGAAGGGAGCAGAGGCGGCAGTCAAGCCTCTTCTCGTT 28829

←*N_Sarbeco_R1*

28830 28840 28850 28860 28870
CCTCATCACGTAGTCGCAACAGTTCAAGAAATTCAACTCCAGGCA 28874

28880 28890 28900 28910
GCAGTAGGGGAACTTCTCCTGCTAGAATGGCTGGCAATGGCGGTG 28919

28920 28930 28940 28950 28960
ATGCTGCTCTTGCTTTGCTGCTGCTTGACAGATTGAACCAGCTTG 28964

```
         28970     28980     28990     29000
AGAGCAAAATGTCTGGTAAAGGCCAACAACAACAAGGCCAAACTG 29009

29010     29020     29030     29040     29050
TCACTAAGAAATCTGCTGCTGAGGCTTCTAAGAAGCCTCGGCAAA 29054

     29060     29070     29080     29090
AACGTACTGCCACTAAAGCATACAATGTAACACAAGCTTTCGGCA 29099

                      NIID_2019-nCOV_N_F2 →
29100     29110     29120     29130     29140
GACGTGGTCCAGAACAAACCCAAGGAAATTTTGGGGACCAGGAAC 29144

     29150     29160     29170     29180
TAATCAGACAAGGAACTGATTACAAACATTGGCCGCAAATTGCAC 29189

                                NIID_2019-nCOV_N_P2
29190     29200     29210     29220     29230
AATTTGCCCCCAGCGCTTCAGCGTTCTTCGGAATGTCGCGCATTG 29234

NIID_2019-nCOV_N_P2              ← NIID_2019-nCOV_N_R2
     29240     29250     29260     29270
GCATGGAAGTCACACCTTCGGGAACGTGGTTGACCTACACAGGTG 29279

← NIID_2019-nCOV_N_R2
29280     29290     29300     29310     29320
CCATCAAATTGGATGACAAAGATCCAAATTTCAAAGATCAAGTCA 29324
```


Re: ゼロから始める PCR 生活

2017 年 12 月 31 日 初版 発行
2021 年 5 月 1 日 第 2 版 発行

著 者 Salicin (さりしん)
発行者 星野 香奈 (ほしの かな)
発行所 同人集合 暗黒通信団 (http://ankokudan.org/d/)
〒277-8691 千葉県柏局私書箱 54 号 D 係
本 体 320 円 / ISBN978-4-87310-108-8 C0045

乱丁落丁は鋳型 DNA がある限りお取り替えいたします。

ISBN 978-4-87310-108-8
C0045 ¥320E
本体 320 円

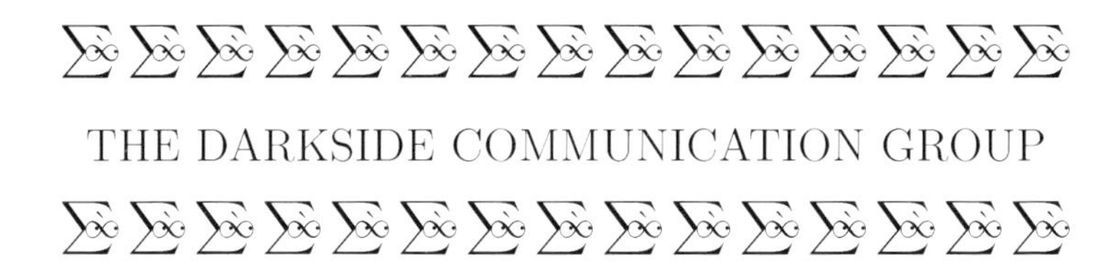